U0153560

Joanne Baker 著　　李明芝 譯

50則非知不可的物理學概念

50 Physics Ideas you really need to know

50 physics ideas
you really need to know

Joanne Baker

CONTENTS

緒論

當我跟朋友提到這本書的時候，他們都開玩笑地說，關於物理，你真的一定得知道的第一件事情就是：物理很難。儘管如此，我們每天都還是會用到物理。當我們看著鏡子、或戴上眼鏡時，我們會用到物理的光學。當我們調鬧鐘時，我們就進入了時間的軌道；當我們使用地圖時，我們遨遊在幾何的空間。我們的手機，藉由看不到的電磁波連上衛星，讓我們彼此聯繫。然而，物理學並不全然屬於技術層面。沒有了物理，就沒有月亮、彩虹、鑽石。即便是在血管裡流動的血液，都遵循著物理定律，所以這是一門自然界的科學。

現代物理學充滿了驚奇。量子物理透過質疑物體存在的特有概念，顛覆了我們對世界的認識。宇宙論提問的則是宇宙到底是什麼。宇宙如何形成，而我們為何在此？我們的宇宙是否很特別，或者其實是某種必然的結果？往原子內部看去，物理學家們發現一個潛藏的、幽靈般的基本粒子世界。就算是最堅硬的桃花木桌子，最主要的組成卻也是「空的空間」，其中的原子是由核力的支架來支撐。物理學源自於哲學，某種程度又因為凌駕日常經驗的新穎且意想不到的世界觀，返回到哲學。

然而，物理學不只是虛構想法的集合，而是根植於事實和實驗。科學方法不斷地提升物理定律，就像電腦軟體會偵除錯誤並且增加新的模組。若有了證據可作為依據，就能容許重大的思考轉換，但接受則需要時間。哥白尼（Copernicus）提出地球繞太陽轉的想法（日心論），花了一世紀以上的時間才被廣為接受，不過接受新知的速度已逐漸加快，像是量子物理和相對論，在十年內就加入了物理學的行列。但即便是最成功的物理定律，仍然得持續不斷地繼續接受檢驗。

本書將帶領你來一趟短短的物理世界之旅，從基本的概念，像是地心引力、光和能量，到量子理論、混沌以及暗能量等現代物理學。希望這本書能像是一本精彩的旅遊書，吸引你去發現更多物理的奧妙。其實，物理不只是基本原則，而且還相當有趣！

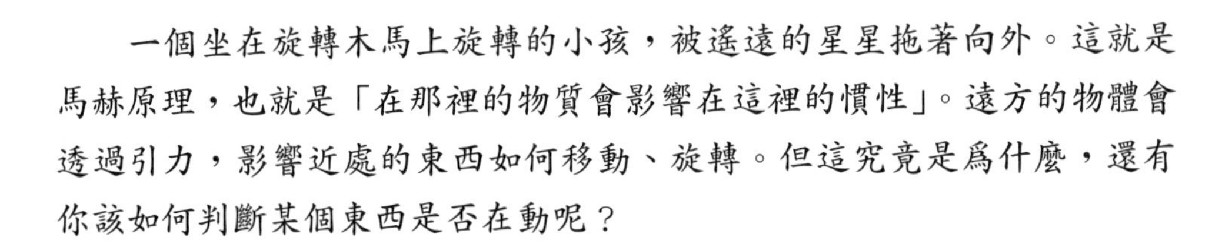

01 馬赫原理

Mach's Principle

一個坐在旋轉木馬上旋轉的小孩，被遙遠的星星拖著向外。這就是馬赫原理，也就是「在那裡的物質會影響在這裡的慣性」。遠方的物體會透過引力，影響近處的東西如何移動、旋轉。但這究竟是爲什麼，還有你該如何判斷某個東西是否在動呢？

如果你曾坐在靠站的火車裡，從窗戶往外看到鄰近的車廂離你遠去，你就會了解有時很難辨別是自己的火車離開車站，或是有另一列火車正要進站。有沒有方法可以確切的測量到底是哪一個在移動呢？

十九世紀的澳洲哲學家和物理學家恩斯特 · 馬赫（Ernst Mach）努力想解決這個問題。他曾追隨著偉大的牛頓（Issac Newton），但跟牛頓不同的是，他不相信空間是絕對的背景。牛頓認為的空間就像是方格紙，內含一組標記好的座標，可將所有的運動都在格子上標出。然而馬赫並不同意這點，他認為運動只有在跟其他物體有關的情況下測量才有意義，而不是跟格子有關。如果跟別的東西沒有關係，那移動又有什麼意義呢？在這方面，受到牛頓的勁敵萊布尼茨（Gottfried Leibniz）早期想法影響的馬赫，比愛因斯坦（Albert Einstein）更早提出只有相對運動才符合道理。馬赫認為，無論是在法國或澳洲，球滾動的方式都完全相同，和空間的格子沒有關係。而唯一想得到能影響球如何滾動的是萬有引力。在月球上，球的滾動可能有所不同，因為拉球的引力在那裡比較小。

歷史大事年表

大約西元前335年

亞里斯多德（Aristotle）認爲物體根據力的作用而移動。

西元1640年

伽利略提出慣性定律。

因為宇宙中的每個物體都會施加引力在其他物體上，所以各個物體會透過彼此間的相互引力，感受到其他物體的存在。因此，運動終究必須依賴物質或質量的分布，而不是空間本身的屬性。

「絕對空間，依其本質若沒有參照任何外界的東西，就會一直維持同質和不動。」　牛頓，*1687*

質量　到底什麼是質量（mass）？這是關於一個物體含有多少物質的測量值。一塊金屬的質量等同於裡面所有原子的質量總和。質量跟重量稍微有點不同。重量是測量拉扯質量的引力力量，因此太空人在月球上的重量比在地球上輕，因為月球上施加的引力比較小。然而，太空人的質量不管在哪兒都相同，因為他身上含有的原子數目沒有改變。根據愛因斯坦的說法，能量和質量可以相互交換，質量可以完全轉化成能量。因此終極說來，質量就是能量。

慣性　慣性（inertia）這個名詞源自於拉丁字的「懶惰」，與質量的概念非常類似，但從名字來看，我們可由此了解要施加力量移動某個東西的困難程度為何。慣性大的物體抗拒移動。就算是在外太空，要移動大型物體所花的力也很大。假如有個位在與地球碰撞軌道上的巨型岩石小行星，若要使它偏移，可能就需要很大的推擠力道，像是核爆產生的力或以長時間施加一個較小的力。然而慣性比行星小的太空船，只要用它小小的噴射引擎，就可以操縱方向。

義大利的天文學家伽利略（Galileo Galilei）在十七世紀提出慣性定律：如果一個物體保持原有狀態，而且沒有對其施加任何外力，那麼它的運動狀態就不會改變。

如果它正在移動，就會以相同速度、朝著同一方向繼續移動。如果它靜止不動，那就會繼續保持靜止。牛頓將這個想法去蕪存菁，形成他的第一運動定律。

西元 1687 年
牛頓發表水桶推論。

西元 1893 年
馬赫發表《力學科學》。

西元 1905 年
愛因斯坦發表狹義相對論。

馬赫（1838～1916 年）

澳洲物理學家馬赫留給世人的，除了馬赫原理，還有他在光學、聲學、感覺知覺生理學、科學哲學，以及特別是超音速方面的研究。他在 1877 年發表了一篇深具影響力的論文，內容是關於速度高於音速的發射體如何產生類似尾波的震波。就是空氣中的這種震波，造成超音速太空船的音爆。現在，我們以馬赫數來指稱發射體或噴射機的速度與音速的比率，例如 2 馬赫（Mach 2）就是音速的兩倍。

牛頓的水桶　牛頓也整理引力。他看到質量會吸引另一個質量。蘋果從樹上掉到地上，是因為蘋果受到地球質量的吸引。同樣的，地球也會受到蘋果的吸引，只不過我們很難測量到整個地球向蘋果移動的極微小變化。

牛頓證明，引力的強度會隨著距離增加而迅速降低，因此如果我們高高地浮在地球上方，感受到的地球引力會比在地球表面來得小。儘管地球的拉力減少，不過我們還是感受得到。我們離的越遠，感受的引力就越弱，但還是可以影響我們的移動。事實上，宇宙中所有的物體可能都會施加微小的引力，對我們的移動產生細微的影響。

牛頓試圖以水桶內的水的旋轉，瞭解物體和移動之間的關係。起先當水桶在轉的時候，裡面的水保持不動。接著水桶裡的水也開始旋轉，而且水的表面凹陷，就像是這些液體試圖想爬上邊緣脫逃，只不過受限於桶子的力量而無法出去。牛頓認為，只有在絕對空間的固定參照架構中，才能理解水的旋轉。其實我們只要看著水桶，就能知道它是否在旋轉，因為我們會看到施加其中的力所製造出的凹型水面。

幾個世紀之後，馬赫重新審視這個論點。如果裝滿水的水桶是宇宙中唯一的東西呢？你如何知道在旋轉的是水桶？難道不能同樣說是水相對於桶子在轉動呢？讓這些討論有意義的唯一方法，是在只有水桶的宇宙放進另一個物體，像是房間的牆或甚至是遙遠的星星。這樣，水桶就清楚地相對於那個參考物轉動。然而，沒有了不動的房間或固定的星星作為參照，誰能知道是水桶在轉、還是水在旋轉呢？當我們觀看太陽和星星沿著弧形軌道橫過天空時，也有相同的感受。是星星在旋轉，還是地球在旋轉？我們又怎能知道呢？

根據馬赫和萊布尼茨的說法，有了外界參照物體，移動對我們才有意義，因此慣性這個概念，在只有一個物體的宇宙沒有意義。所以宇宙中如果沒有任何星星，我們就永遠不會知道地球是否在旋轉。就是那些星星，讓我們知道地球相對於它們在轉動。

馬赫原理所呈現的相對與絕對運動的概念，啟發了後世的許多物理學家，其中最著名的就是愛因斯坦（真正創造「馬赫原理」這個名稱的人）。愛因斯坦採用「一切運動都是相對的」這個概念，建立了他的狹義和廣義相對論。他也解決了馬赫想法中最重要的問題之一：轉動和加速一定會製造出額外的力，但這些力去了哪裡？愛因斯坦指出，如果宇宙中的一切都相對於地球轉動，我們應該確實會感受到一個讓地球以某種方式擺動的小力。

幾千年來，空間的性質就一直困擾著科學家。現代粒子物理學家認為，空間是一個沸騰汽鍋，裡面有持續被製造和毀滅的次原子粒子。而質量、慣性、力和運動或許終究都是沸騰量子湯的表現形式。

【重點概念】 質量對運動很重要

02 牛頓運動定律

Newton's laws of motion

牛頓是有史以來最卓越、最負爭議，也最具影響力的科學家之一。他發明了微積分、解釋了萬有引力，並且確認了白光的顏色組成。他的三大運動定律，説明了高爾夫球爲什麼會沿著弧線滾動、爲什麼車子在轉彎的時候車裡的人會被擠到一側，以及爲什麼我們在打到球的時候會從球棒上感受到力。

雖然在艾薩克・牛頓（Issac Newton）的時代還沒有發明機車，不過他的三大運動定律也可以解釋特技騎士如何能騎上與地面垂直的死亡之牆，以及奧運自行車選手如何能在傾斜的車道上競賽。

十七世紀的牛頓，被視為科學界最重要的傑出份子之一。他以自身的高度好奇性格，理解到某些看似最簡單、但卻相當深奧的世界面向，例如拋出的球如何以弧線劃過空中、東西為什麼會往下掉而不是向上飛，以及行星如何繞著太陽運轉。

一六六〇年代，還是個劍橋大學普通學生的牛頓，已經開始閱讀偉大的數學著作。因為這些閱讀，讓他的興趣從民法轉向物理定律。之後，當學校因為爆發瘟疫而關閉時，待在家裡的牛頓開始踏出了發展三大運動定律的第一步。

歷史大事年表

大約西元前 350 年

亞里斯多德在《物理學》（Physics）一書中提出運動是由於持續的改變所引起。

西元 1640 年

伽利略提出慣性定律。

牛頓的運動定律

• 第一定律　若沒有施加力改變速度或方向，物體會以相同速度做直線運動或保持不動。

• 第二定律　力產生的加速度跟物體的質量成反比（F = ma）。

• 第三定律　每個作用的力都會產生一個相等且相反的反作用力。

力　牛頓借用伽利略的慣性定律，訂定出第一運動定律。第一定律是說物體除非有外力作用，否則不會移動或改變速度。除非有外力施加，否則沒有運動的物體會保持不動；正以固定速度運動的物體，會以同樣的速度運動，除非對其施加外力。力（例如推）提供了改變物體速率的加速度。加速度是指在一定時間內的速度變化。

從我們的自身經驗裡很難體會到這點。如果我們丟出曲棍球的冰球，它會掠過冰面，然後因為冰的摩擦力而漸漸變慢。摩擦力是造成冰球減速的力。不過牛頓的第一定律，是在沒有摩擦力的地方才有的特例。離我們最近的這種地方是太空，然而就算是在太空，還是有像引力的力在作用。但無論如何，第一定律提供了基本的標準來瞭解力與運動。

加速度　牛頓的第二運動定律跟力的大小與其產生的加速度有關。讓物體加速所需的力，跟物體的質量成比例。重的物體（或慣性較大的物體），需要較大的力來使其加速。因此，若在一分鐘內要讓一百公斤的汽車從靜止加速到時速 100 公里，需要的力等於汽車的質量乘上每單位時間增加的速率。

牛頓的第二定律可以數學式表示：F = ma，力（F）等於質量（m）乘以加速度（a）。將這個定義轉換一下，第二定律也可以另一種方式呈現，亦即加速度等於每單位質量所需的力。如果要保持固定的加速度，每單位質量的力也不能改變。因此，無論體積是大、是小，只要是移動質量一公斤的物體，所需的總力都相同，這點說明了伽利略的想像實驗：如果同時丟下鐵球

西元 1687 年

牛頓出版了《自然哲學的數學原理》。

西元 1905 年

愛因斯坦發表狹義相對論。

和羽毛，哪一個會先落地？就我們所想，可能會認為鐵球會比飄盪的羽毛先抵達地面。然而，那只是因為空氣的阻力讓羽毛飄起來。如果沒有空氣，兩者就會以相同的速率下降，一起抵達地面。它們經歷著相同的加速度、引力，所以會一起墜落。1971 年，阿波羅 15 號（Apollo 15）的太空人在月球上展示了這點，那裡因為沒有大氣使物體減速，因此羽毛落下的速率跟地質學家的沉重鐵鎚完全一樣。

作用力等於反作用力　牛頓的第三定律是任何施加在物體上的力，都會產生由物體發出的相同且反向的力。換句話說，每個力都會有個反作用力。相反的力感覺像是反衝。如果溜冰的人推一下另一個人，他會在推同伴的身體時自己也往後退。槍手在他射擊的時候，會感到步槍在肩膀上的後座力。後座力的大小，跟原來的推力或施加在子彈上的力相同。在警匪片中，被槍擊的受害者通常會被子彈的力推著向後倒。其實這是騙人的。如果力真的那麼

牛頓（1643～1727 年）

牛頓是英國第一位獲頒爵士榮譽的科學家。雖然他在學校的時候總是「無所事事」、「漫不經心」，而且就讀劍橋大學時還是個名不見經傳的學生，不過在 1665 年的夏天，當學校因為瘟疫而關閉時，他卻突然地大放異彩。牛頓回到位在林肯郡（Lincolnshire）的家，全心投入數學、物理和天文學，甚至擬定微積分的基礎。他在那兒產生了三大運動定律的雛形，並且推論出萬有引力的平方反比定律。在發表這些卓越的概念之後，牛頓於 1669 年得到盧卡斯數學教授席位（Lucasian Chair of Mathematics），當時的他年僅二十七歲。牛頓後來將注意力轉向光學，透過三稜鏡發現白光是由七彩顏色組成，關於這點，他曾與虎克（Robert Hooke）和惠更斯（Christiaan Huygens）發生過著名的爭論。牛頓的主要著作有兩本：《自然哲學的數學原理》（Philosophiae naturalis Principia Mathematica）或簡稱《原理》（Principia）以及《光學》（Opticks）。在他職業生涯的後期，牛頓活躍於政壇。他在詹姆斯二世（King James II）試圖干預大學委任時，起身捍衛學術自由，並在 1689 年進入國會。牛頓有著矛盾的性格，一方面想要得到注意，另一方面又很退縮而且想避免批評，他利用自己的職位權力殘酷打擊他在科學上的敵手，因此在他過世之前，形象都一直備受爭議。

大，那麼射擊者應該也會被自己的槍的後座力往後擊倒。就連我們往上跳離地面時，我們也對地球施加了小小的向下的力，但由於地球的質量比我們大上太多，所以很難發現。

有了這三大定律再加上萬有引力，牛頓幾乎可以對所有的物體運動加以解釋，從掉落的橡實到大砲擊出的砲彈。有了這三條公式，他可以充滿自信地爬上高速的摩托車，加速登上死亡之牆，或者去做他的年代有的這類事情。你有多相信牛頓的定律呢？第一定律說，摩托車和騎士想以特定的速度往一個方向保持前進。但為了讓摩托車維持圓形的移動，根據第二定律，就需要提供封閉力來持續改變它的方向，在這個例子中是由車道透過輪子施加的力。而所需的力，必須是摩托車加騎士的質量再乘上加速度。

然後第三定律解釋了因為產生反作用力，所以車道上的摩托車會施加的壓力。就是這個壓力，將特技騎士黏在傾斜的牆上，如果摩托車的速度夠快，甚至還可以騎上垂直牆面。

即使到了現代，牛頓定律的知識也足以說明快速駕駛車子繞過轉彎處、或（純屬假設）撞毀車子所需的力。至於牛頓定律無法解釋的，則是接近光速運動、或質量極小的東西。這些極端的情況，就由愛因斯坦的相對論和量子力學來接手說明。

03 克卜勒定律

Kepler's laws

克卜勒對於任何事物，都想找出其中的規律模式。他在盯著描述火星如何以環狀運行投射天空的天文表時，發現了掌管行星運行軌道的三大定律。克卜勒說明行星如何沿著橢圓形的軌道運行，以及為何較遠的行星繞太陽運行的速度較慢。克卜勒定律使天文學大為改觀，也為牛頓的萬有引力定律奠定基礎。

行星繞著太陽運行時，最接近的那一顆，速度比其他較遠的來得快。水星繞行太陽一周只需要80個地球日。如果木星以相同的速度繞行，需要花上3.5個地球年才能走完，而實際上木星繞一圈要花12年。所有的行星都會彼此擦身而過，當地球往前超越而我們從地球上觀看那些行星時，有些則會看來像在倒退。在克卜勒的年代，這些「逆行」現象相當令人困惑。為了解決這個問題，約翰尼斯 · 克卜勒（Johannes Kepler）提出一些想法並發展出行星運行的三大定律。

> 突然間，我訝異地發現那顆小小的美麗藍色豌豆，竟然是地球。我閉上單眼，豎起一根拇指就可以把整個地球遮住。我不覺得自己像個巨人，反而是感到非常渺小。
>
> 阿姆斯壯（*Neil Armstrong*），生於*1930*年

多邊形規律　德國數學家克卜勒在自然界中尋找規律。克卜勒生活在十六世紀晚期和十七世紀初期，那個年代，正值占星學受到認真推崇而天文學還處於物理學中剛萌芽部份的時期。若想揭

歷史大事年表

大約西元前580年
畢達哥拉斯（Pythagoras）認為行星以完美的水晶球形軌道運行。

大約西元150年
托勒密記錄逆行現象並提出行星以周轉圓運行。

西元1543年
哥白尼提出行星繞太陽運行。

克卜勒（1571～1630 年）

克卜勒從很小就喜歡天文學，他不到十歲就在日記裡記錄慧星和月蝕。在格拉崁（Graz）教書時，克卜勒提出宇宙學理論並將之發表在《宇宙的奧秘》（Mysterium Cosmographicum）。後來，他到了位於布拉格外的天文台工作，協助天文學家布拉許（Tycho Brahe）研究，然後在 1601 年接替布拉許的位置成為皇室數學家。那時，克卜勒要為國王準備天宮圖並且分析布拉許的天文表，還在《新天文學》（Astronomia Nova）發表他的非圓形運行軌道理論以及行星運行第一、第二定律。1620 年，克卜勒的母親因為使用草藥治病而被控女巫入獄，後來透過克卜勒在法律上的奔走才得以釋放。雖然如此，但他仍努力持續他的研究，並且在《世界的和諧》（Harmonices Mundi）發表了行星運行第三定律。

示自然法則，宗教和靈性的想法就跟觀察一樣重要。作為一個相信宇宙背後結構是由完美幾何形狀組成的神秘主義者，克卜勒一生都致力於挖掘出隱藏在自然的傑作中，那些想像的完美多邊形的規律。

克卜勒的研究，是在波蘭天文學家哥白尼（Nicolaus Copernicus）的一世紀之後。哥白尼在當時提出太陽是宇宙的中心，而地球則是繞著太陽運行。在這之前，希臘哲學家托勒密（Ptolemy）相信太陽和其他星星繞著地球運轉，以完整的水晶球形繼續行進。在那個年代，哥白尼不敢發表他的激進想法，因為害怕觸犯教會的教義，因此直到他快過世前才請同事代為發表。然而，哥白尼提出地球不在宇宙中心的想法還是引起了騷動，因為這意指人類不是宇宙中最重要的存在，也不受人類中心論的神所最鍾愛。

> 我們只不過是住在平凡星系裡、小小行星上的進化猴子。但是我們可以了解宇宙，這點使得我們變得相當特別。
>
> 霍金（*Stephen Hawking*），*1989* 年

克卜勒繼承哥白尼的日心論想法，但還是相信，行星以圓形的運行軌道繞行太陽。他設想了一個系統，系統裡的行星運行軌道是位在一系列

西元 1576 年
布拉許繪製出行星的位置。

西元 1609 年
克卜勒發現行星以橢圓形的軌道運行。

西元 1687 年
牛頓以他的萬有引力定律解釋克卜勒定律。

的巢狀球體。這個巢狀球體，是根據能與之相符的三維形狀大小所得出的數學比例。

因此，他想像有邊數越來越多的一系列多邊形塞在球體裡。自然法則遵循基本幾何比例的這種想法，其實是源自於古希臘人。

行星（planet）這個字出自希臘文，意指「漫遊者」。因為太陽系的其他行星，跟地球的距離比其他遙遠恆星都近，所以它們看起來像是搖搖擺擺地橫過天際。夜復一夜，它們選出一條路徑穿越星星。然而，它們的路徑常常會倒轉，形成一個小小的倒退迴圈。這些逆行現象，過去被認為是種預兆。由於托勒密的行星運行模型無法理解這種運動狀態，因此天文學家在行星軌道上加了「周轉圓」或額外的迴圈來模擬這種運行。但周轉圓的解釋還是成效不佳。哥白尼的日心宇宙所需的周轉圓，確實比過去的地心宇宙少，但還是無法解釋一些微小的細節。

為了模擬行星的運行軌道來支持他的幾何想法，克卜勒使用了當時可用的最精確資料：布拉許煞費苦心做出的行星在天空運行的複雜表格。在成堆的數字當中，克卜勒發現了規律，因而提出三大定律。

克卜勒藉由解開火星的逆行現象，有了重大的突破。他理解到，如果行星繞太陽的運行軌道是橢圓形而非圓形，那就吻合了倒退的迴圈。但很諷刺地，這也表示自然並非遵循完美的形狀。克卜勒終於成功地提出相符的運行軌道，這想必讓他欣喜若狂，但他也感到十分震驚，因為自己一直以來相信的純粹幾何學哲學被證明有誤。

運行軌道　在克卜勒的第一定律中，他注意到行星以橢圓形的軌道繞太陽

克卜勒定律

• 第一定律　行星的運行軌道是橢圓形，而太陽位於橢圓的其中一個焦點。

• 第二定律　行星繞著太陽運行時，在同樣的時間內會掃過相同的區域面積。

• 第三定律　軌道週期與橢圓大小成比例，軌道週期的平方與橢圓半長軸長度的三次方成正比。

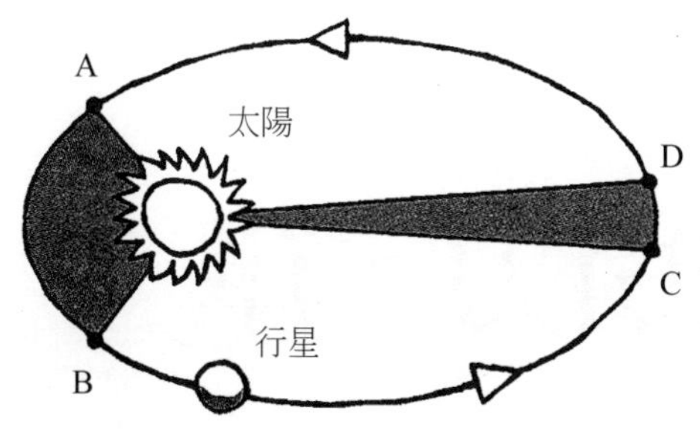

運行，而太陽位於橢圓的兩個焦點之一。

克卜勒的第二定律描述行星沿著軌道運行的速度有多快。當行星沿路徑運行時，在同樣的時間內會掃過相同的區域面積。這個面積的測量是利用從太陽畫到行星兩點位置（AB 或 CD）所形成的角度，就像是一塊派餅。因為運行軌道是橢圓形，所以當行星比較接近太陽的時候，掃過相同面積所需要走的路線就比較長。因此行星在接近太陽的時候，移動的速度就比較快。克卜勒的第二定律，將行星的速度和行星與太陽之間的距離連在一起。儘管克卜勒在當時並不理解原因，但最終發現這種運動狀態是由於接近太陽時，引力會使行星加速。

克卜勒的第三定律更邁進了一步，讓我們瞭解行星的軌道週期會因不同大小的橢圓按比例增高，依據的是行星到太陽之間的距離。第三定律是說軌道週期的平方，跟橢圓軌道長軸的三次方成正比。橢圓軌道越長，軌道週期就越長、或是說走完軌道所花的時間越久。一顆行星若是離太陽的距離是地球到太陽距離的兩倍，繞完運行軌道的時間就是地球的$\sqrt{8}$ 倍。因此離太陽越遠的行星，運行速度越慢。火星繞太陽一圈，需要差不多兩個地球年的時間，土星需要 29 年，而海王星需要 165 年。

克卜勒在這三大定律中，竭力說明太陽系裡所有行星的運行軌道。他的定律同樣可應用在繞行其他天體的任何天體，從我們太陽系裡的慧星、小行星和月球，到繞行其他恆星的行星、甚至是繞著地球颼颼掠過的人造衛星。克卜勒成功地將這些原理與幾何定律結合，然而他並不知道這些定律為何成立。他相信，這些起因於自然背後的幾何規律。直到牛頓，才將這些定律整合至萬有引力理論。

> 我測量過天際，現在我丈量陰影，我的靈魂原來自於天上，我的身體現安息於大地。
>
> 克卜勒的墓誌銘，*1630* 年

04 牛頓萬有引力定律

Newton’s law of gravitation

在牛頓將砲彈的運動和水果從樹上掉落跟行星的運動扯上關係後，物理學就往前邁進了好大一步，因爲他將天上與地下相連在一起。他的萬有引力定律，至今仍是最有影響力的物理概念之一，能說明我們世界裡的許多物理狀態。牛頓認爲，所有的物體都會藉由引力彼此吸引，而力的強弱，隨距離的平方而降低。

牛頓可能是因為看到蘋果從樹上掉落，才出現萬有引力的想法。我們並不知道這個說法是真是假，但牛頓的想像力，確實從地上的運動延展到天上的運動，因而想出了萬有引力定律。

牛頓察覺到，物體會被某種加速的力（參見第 4 頁）吸引往地面運動。如果蘋果會從樹上掉落，那麼樹又更高一點會是如何呢？如果樹高到接近月球呢？為什麼月球不會像蘋果一樣掉到地球呢？

所有東西都往下掉　牛頓的答案藏在他的運動定律，也就是跟力、質量和加速度有關。大砲發射的砲彈在掉落地面之前，會經過一段特定的距離。如果發射得更快，那又是如何呢？如果這樣，就會移動得更遠。如果發射的速度快到足以讓砲彈以直線前進（地球在下方彎曲遠離）到夠遠的地方，那它又會掉落在哪裡呢？

> 萬有引力是種很難擺脫的習慣。
>
> 普萊契（*Terry Pratchett*），*1992* 年

歷史大事年表

西元前 350 年　亞里斯多德探討物體爲什麼會掉落。

西元 1609 年　克卜勒提出行星運行軌道定律。

西元 1640 年　伽利略提出慣性定律。

牛頓瞭解到，砲彈會被拉向地球，但接著會沿著圓形軌道前進。就像是衛星被一直拉著，但卻從來不會掉落地面。

當奧運擲鉛球選手以腳跟為定點旋轉時，繩子的拉力會讓鉛球保持轉動。如果沒有這個拉力，鉛球會以直線往外飛出，就像是放掉繩子時會出現的那樣。這就跟牛頓的砲彈一樣，發射物如果沒有被向心力綁住，就會飛離進入太空。再進一步思考，牛頓推論出，月亮懸掛在天空也是因為被看不到的引力綁著。只要沒有引力，月亮也會飛進太空。

平方反比定律　牛頓接著試圖量化他的預測。在與虎克通過幾次信之後，牛頓認為引力遵循一個平方反比定律，亦即引力的強度會隨著物體距離的平方減少。因此，如果你離一個物體是先前距離的兩倍遠，引力就少了四倍；若行星離太陽的距離是地球與太陽距離的兩倍，它受到的太陽引力就是地球的四分之一，若距離是三倍則引力就是九分之一。

牛頓提出引力的平方反比定律，以一條方程式，說明了克卜勒三大定律描述的所有行星的運行軌道（參見第 10 頁）。牛頓的定律預測，在橢圓形軌道上運行的行星們，當接近太陽時走得較快。行星在比較接近太陽的時候，受到的太陽引力較大，速度也因此加快。隨著速度加快，行星會再次遠離太陽，於是又慢慢減速。由此，牛頓將過去所有的研究都整合在一個奧妙的理論之中。

> 宇宙中所有物體都會相互吸引，而引力是沿著物體中心的連線，大小跟物體的質量成正比、跟物體間距離的平方成反比。
>
> 牛頓，*1687* 年

地球表面的重力加速度（g）等於每秒平方 9.8 公尺（$9.8\ m/s^2$）。

西元 1687 年　牛頓出版《自然哲學的數學原理》。

西元 1905 年　愛因斯坦發表狹義相對論。

西元 1915 年　愛因斯坦發表廣義相對論。

普遍律　牛頓接著大膽推論，然後提出可應用在宇宙所有事物的引力理論。任何物體都會施加一個與自身質量成正比的引力，這個引力會跟距離的平方成反比。因此，任何兩個物體都會彼此吸引。然而，因為引力是種微弱的力，所以我們只能在質量很大的物體上觀察得到，像是太陽、地球和行星。

如果進一步觀察，我們有可能發現，地球表面各地的引力強度存在著微妙的變化。因為密度不同的大山和岩石可能會提高或降低附近的引力強度，所以可利用比重計（gravity meter）繪製地理上的地勢圖，並且瞭解地殼的結構。

考古學家有時也利用細微的引力改變，定位出被掩埋的建築。近年來，科學家利用引力測量太空衛星，記錄地球南北極冰帽的減少量，並且也用以偵測大地震後的地殼變化。

回到十七世紀，牛頓將所有關於引力的想法都寫在一本書中：《自然哲學的數學原理》。在 1687 年出版的《自然哲學的數學原理》，到現在仍被推崇為科學界的里程碑。牛頓的萬有引力解釋的不只是行星和月球的運行，也說明了發射物、鐘擺以及蘋果。他解釋慧星的運行軌道、潮汐的形成以及地軸的擺動。

這項成就，奠定了牛頓成為有史以來最偉大科學家之一的地位。

發現海王星

感謝牛頓的萬有引力定律，讓我們發現了海王星。十九世紀初，天文學家注意到天王星並沒有遵循單純的軌道運行，而是表現得像有另外一個物體在干擾。科學家根據牛頓定律，出現各種的預測，到了 1846 年，在接近預測位置的地點發現了以海神為名的新行星 —— 海王星（Neptune）。英國和法國的天文學家爭執著誰先發現這顆行星，最後，這項榮譽同時歸屬於亞當斯（John Couch Adams）和勒威耶（Urbain Le Verrier）。海王星的質量是地球的十七倍，屬於「氣體巨行星」，由高密度的氫氣、氦氣、氨氣和甲烷組成的大氣，厚厚地覆蓋著一個固體核。海王星的藍色雲層，就是因為甲烷。海王星上的風，是全太陽系最強烈的，時速高達每小時 2,500 公里。

潮汐

牛頓在《自然哲學的數學原理》一書中說明海洋潮汐的形成。潮汐的出現，是因為月球對於地球的較近半球和較遠半球的海洋有不同的拉力，但固體地球本身並沒有感到差異。地球兩半的不同引力，造成地表的水有些朝向月球、有些遠離月球，致使潮汐每十二小時會起落一次。雖然質量較大的太陽對地球施加的引力更強，但因為月球比較接近地球，所以潮汐效應比較明顯。平方反比定律可說明距離較近的月球，引力梯度（兩半球感受到的差異）比較遠的太陽來得大。在滿月或新月的期間，地球、太陽和月球成一直線，使得潮水特別高，我們稱之為「大潮」。當這些星體不在一直線、而是彼此成 90 度時，形成的微弱潮汐則被稱為「小潮」。

有人說過，反對全球化就像是反對萬有引力定律。

安南（*Kofi Annan*），
生於 *1938* 年

牛頓的萬有引力定律已存在了數百年，迄今仍能對物體運動做出基本描述。然而科學並非停滯不前，二十世紀的科學家以此為基礎繼續前進，其中最為特別的是愛因斯坦和他的廣義相對論。牛頓的萬有引力對於我們所見的多數物體，以及太陽系裡的行星、慧星和小行星的狀態都相當適用，即便那些星星散佈在廣大的太空、離太陽都相當遙遠而使得引力相對較弱。雖然牛頓的萬有引力定律足以預測那裡有顆海王星（1846 年在比天王星更遠的預期位置被發現），但要解釋另一顆行星 ── 水星的運行軌道，還需要更多的物理學概念。而廣義相對論就可以用來說明引力超強之處的情況，像是很接近太陽、恆星和黑洞的地方。

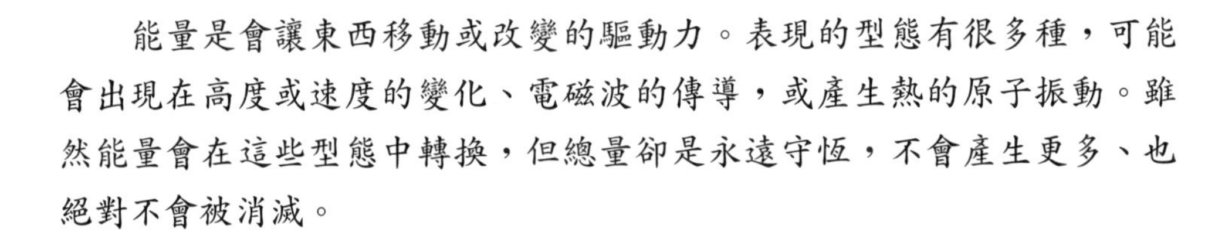

05 能量守恆
Conservation of energy

能量是會讓東西移動或改變的驅動力。表現的型態有很多種，可能會出現在高度或速度的變化、電磁波的傳導，或產生熱的原子振動。雖然能量會在這些型態中轉換，但總量卻是永遠守恆，不會產生更多、也絕對不會被消滅。

我們都很清楚，能量（energy）是最基本的驅動力。如果我們感到疲倦，我們就是缺少了能量；如果我們因為開心而雀躍不已，那就是擁有充沛的能量。但，什麼是能量呢？激發我們身體的能量，來自於燃燒化學物質，將分子從一種型態改變成另一種，而在過程中釋放出能量。不過，那又是什麼型態的能量讓滑雪選手在斜坡上加速、或讓燈泡發光呢？這些真的都是相同的東西嗎？

因為能量的型態有許多，所以很難明確定義。即便到了現在，物理學家們雖然十分懂得描述能量會做些什麼、以及如何操作，但還是不知道能量的本質到底是什麼。能量是物質和空間的屬性，是某種有可能創造的燃料或壓縮驅力，可以造成運動或改變。希臘時代的自然哲學家對能量有模糊的概念，認為能量是一種賦予物體生命的力或本質要素，這樣的想法，一直以來都跟隨著我們。

能量交換　伽利略首次發現能量可能會從一種型態轉換成另一種。他看著鐘擺前後擺動，發現擺錘變換高度而向前運動，之後擺錘的速度接著將鐘擺

歷史大事年表

西元前 600 年

泰勒斯（Thales of Miletus）認爲物質會改變型態。

西元 1638 年

伽利略注意到鐘擺的動能和位能的交換。

再次帶回先前的高度，然後重複這個循環。

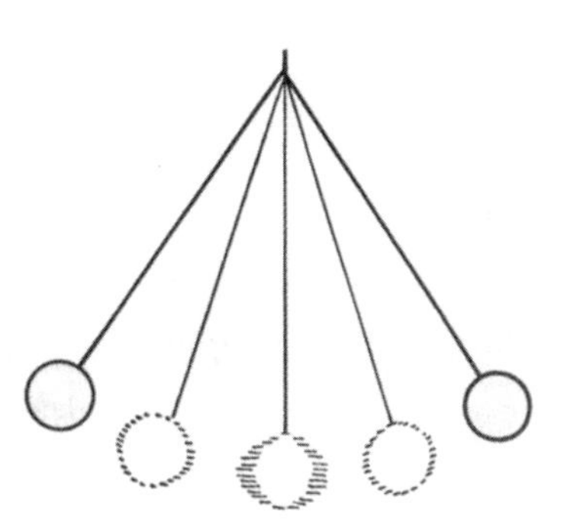

鐘擺擺錘在任一擺動最高點時都沒有速度，而在經過最低點時則移動得最快。

伽利略推論，擺動的擺錘有兩種型態的能量在交換。一種是重力位能（potential energy），能對抗引力（重力）使地球上的物體提高。若要讓物質抬得更高，就需要增加重力位能，而當物質掉落時會釋放重力位能。如果你曾在陡峭山坡上騎腳踏車，你就會知道對抗地心引力需要耗費多麼大的能量。另一種是能量是動能（kinetic energy），伴隨著速度的運動能量。因此，擺錘將重力位能轉換成動能，反之亦然。厲害的單車手利用的就是完全相同的機制。從陡坡往下騎的時候，甚至不需踩踏板就可以輕鬆提高速率、加速到底，然後利用那個速度爬下一個山坡（參見下方「能量公式」）。

同樣的，位能到動能的簡單轉換，可以用來為家裡提供電力。水力發電系統和潮汐壩將水從某個高度釋放，利用水的速度來帶動渦輪機而產生電力。

多面向的能量　能量以許多不同的型態顯現，而能暫時以不同的方式存在。壓縮的彈簧能貯存彈性能，需要時就可以被釋放。熱能會讓熱材料裡的原子和分子振動提高，因此瓦斯爐上的金屬盤溫度會升高，是由於內部原子因能量輸入而振動加快。

能量公式

重力位能（PE）的公式為 $PE = mgh$，也就是質量（m）乘以重力加速度（g）乘以高度（h）。這個公式等於力（由牛頓的第二定律可得 $F = ma$）乘以距離，因此力是在傳輸能量。

動能（KE）的公式為 $KE = 1/2\ mv^2$，因此動能的大小跟速度（v）的平方成正比。動能也等於平均力乘上移動距離。

西元 1676 年

萊布尼茲以數學公式表示能量交換，並命名爲活力公式（vis viva）。

西元 1807 年

楊命名「能量」。

西元 1905 年

愛因斯坦提出質量和能量是等價的。

能量也可以電波和磁波傳送（像是光波或無線電波），而貯存的化學能量可藉由化學反應被釋放，就像是我們消化系統的作用。

愛因斯坦指出，質量本身就有能量，如果物質被破壞就會釋放能量，因此質量和能量是等價的。這就是他知名的公式：$E = mc^2$，亦即釋放的能量（E）是被破壞質量（m）乘上光速（c）的平方。核爆或供能給太陽的融合反應，所釋放的就是這種能量（參見第 134 至 141 頁）。因為跟光速如此大數值（在真空中每秒走三億公尺）的平方成正比，所以就算只有少數原子，破壞時所釋放的總能量也很驚人。

我們在家裡消耗能量，我們也用能量來推動工業。我們談論被生成的能量，但實際上這能量正在從一種型態變換成另一種型態。我們從煤或天然氣取得化學能量，將之轉換成轉動渦輪機和發電的熱能。就算是煤或天然氣的化學能量，終究也是來自太陽，因此太陽的能量是推動地球上萬事萬物的根源。即便我們擔心地球上的能量供應有限，但我們只要能好好利用太陽能，源於太陽的能量其實遠超過我們所需。

能量守恆　能量守恆這項物理原則，不只是要減少我們的家庭能量使用，更是說明即便在不同的型態間轉換，能量的總量仍維持不變。這個概念，是在近代、許多不同類型的能量都被個別研究之後才出現。十九世紀初期，托馬斯 · 楊（Thomas Young）採用了「能量」這個名詞；而在這之前，這生命力則是被稱為「活力」（vis viva），提出者為萊布尼茲，他也是最早解出鐘擺的數學式的人。

人們很快注意到，只有動能是無法守恆的。球或飛輪會越來越慢，然後停下來永遠不動。快速運動確實經常因摩擦而造成機器變熱，例如砲彈鑽過金屬砲管。因此實驗者推論，能量釋放的一個終點是熱。漸漸地，在考慮建造機器裡的所有不同類型能量後，科學家開始證明能量從一種型態轉換成另一種，而不是被消滅或創造。

動量　物理學中的守恆概念，並不侷限於能量。還有兩種概念也密切相關：線動量（linear momentum）守恆以及角動量（angular momentum）守恆。線動量的定義為質量和速度的乘積，用於描述使一個運動中物體減速的困難度。快速移動的重物具有高的動量，難以使之轉向或停止。因此一輛時速六十公里的卡車，動量比同樣速率的轎車來得大，所以如果被卡車撞倒所受的傷害更大。動量不只有大小，而且因為速度，也有特定的方向。相撞的物體會交換動量但一切保持不變，無論是大小或方向。如果你曾玩過撞球，你就用過這個定律。當兩顆球相撞時，它們的運動會彼此互換，以保持動量守恆。因此，如果你用一顆動的球撞一顆靜止的球，兩球最終的路徑，將會是最初那顆動的球的速度和方向的組合。假定動量在各個方向都守恆，那就可以算出兩顆球的速度和方向。

角動量守恆也很類似。對於一個繞著一點旋轉的物體而言，角動量的定義是物體的線動量乘以物體到旋轉點的距離。溜冰的人在冰上旋轉時，用以影響表演的就是角動量守恆。當他們的手和腳向外伸展時，他們會旋轉得慢一點，但只要將手腳貼近身體，就能旋轉得快一些。這是因為較小的範圍需要較高的旋轉速度來補償，以保持角動量守恆。你可以用辦公室的椅子試試，也會出現同樣的效果。

能量守恆與動量守恆，目前仍然是現代物理的基本原理。即便是當代的領域，像是廣義相對論和量子力學，還是由這些概念奠基而來。

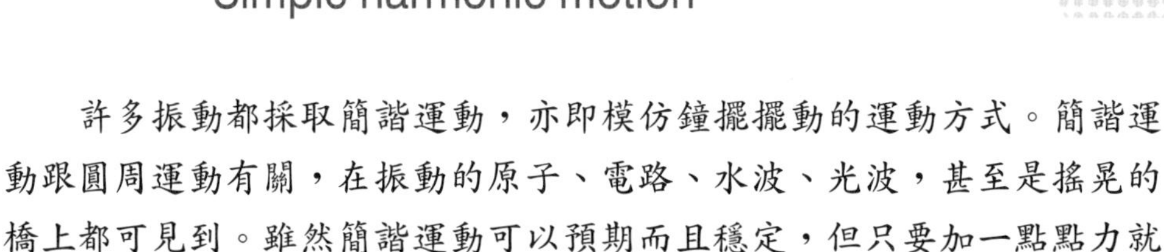

06 簡諧運動
Simple harmonic motion

許多振動都採取簡諧運動，亦即模仿鐘擺擺動的運動方式。簡諧運動跟圓周運動有關，在振動的原子、電路、水波、光波，甚至是搖晃的橋上都可見到。雖然簡諧運動可以預期而且穩定，但只要加一點點力就可以破壞穩定性，甚至可能瞬間造成重大災難。

振動相當普遍。我們都曾一下子坐進彈性很好的床或椅子，在坐下後來回彈了幾秒；或者是撥了吉他弦、摸著晃動的細繩，或聽到電子揚聲器的回聲。這些都是振動的形式。

簡諧運動是在描述一個被推離原來位置的物體，如何受到一個校正的力而恢復到原來的位置。物體會越過起始點，前前後後晃動直到停回最初的位置。要造成簡諧運動，恢復力必須一直與物體的運動方向相反，而且跟物體移動的距離成正比。因此，物體若是被推得較遠，就會感受到較強的力把它推回去。正在運動的物體會被用力拋往另一個方向，就像坐在鞦韆上的小孩，再次感受到被推回去的力，而最終會停止回到原位。因此，物體會前後振盪擺動。

鐘擺　另一種想像簡諧運動的簡單方式，是將之視為投影在直線上的圓周運動，就像是兒童坐的盪鞦韆椅子投影在地面所顯現的樣子。鞦韆椅的影子就像是鐘擺擺錘，會在椅子擺動時前後移動，在接接近頂端時移動較慢，而在週期循環的中間點時移動較快。

歷史大事年表

西元 1640 年
伽利略設計擺鐘。

西元 1851 年
傅科的鐘擺證明地球自轉。

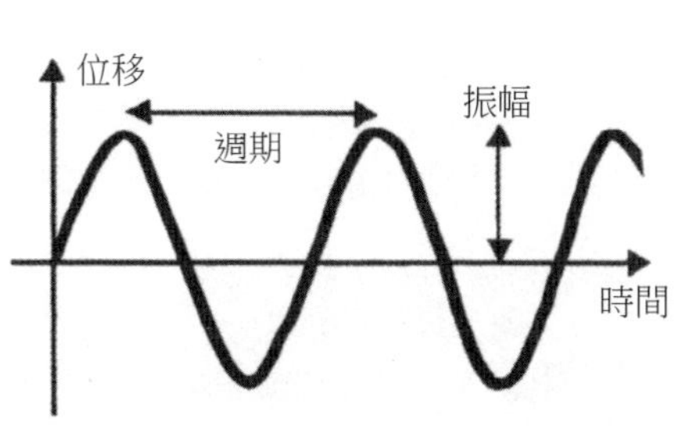

無論是擺錘或鞦韆椅，都在進行著重力位能（高度）和動能（速率）的交換。

鐘擺的擺錘擺動，會遵循簡諧運動。經過一段時間，物體跟中心起始點的距離會畫出一個正弦波，或是鐘擺頻率的諧音（harmonic tone）。擺錘在靜止時通常是垂直懸掛著，然而一旦被推向一邊，引力會將它拉回中心並且加速，造成持續的振盪。

地球自轉 鐘擺對於地球的轉動相當敏感。地球自轉會造成鐘擺的擺動平面慢慢轉動。如果你想像有個鐘擺掛在北極的上方，它會在固定相對於星星的平面上擺動。因為地球在下方轉動，所以如果你從地球上的一點觀看，鐘擺的擺動平面似乎在一天內轉動了 360 度。如果鐘擺掛在赤道上方就不會受到這種影響，因為鐘擺會跟著地球轉，因此它的擺動平面不會改變。至於在其他的緯度上，所受的影響則介於上述兩者之間。因此，地球在自轉的這項事實，可簡單地由觀察鐘擺而得到證明。

法國物理學家傅科（Léon Foucault）設計了眾所周知的著名展示，就是在巴黎萬神殿（Pantheon）從天花板懸掛了 70 公尺高的鐘擺，稱之為傅科擺。今日，世界各地的許多博物館也都設有巨型的傅科擺。要讓鐘擺能運作，第一個擺動必須非常小心，這樣擺動平面才會穩定而不扭轉。傳統的進行方法是用繩子將擺錘往後綁住，然後以蠟燭燒斷繩子，這樣就能和緩的放下擺錘。為了讓巨型鐘擺能持續擺動夠長的時間，通常有馬達協助來抵銷空氣阻力造成的減速。

> 如果在大笨鐘的鐘擺上放一枚古英國便士，每天會慢 0.4 秒。我們現在還不知道如果放上一歐元會是如何。
>
> *Thwaites & Reed*（大笨鐘維修公司），*2001* 年

西元 1940 年

塔科馬海峽吊橋崩塌。

西元 2000 年

倫敦的千禧橋（Millennium Bridge）（又名搖擺橋）受共振影響而關閉。

美妙的振動

電流在電路內來回流動時可能會有振盪，就像是鐘擺的運動。這樣的迴路可以產生電音。最早的電子樂器之一是「特雷門琴」(Theremin)，它會發出詭異的高音和低音，這項樂器曾被海灘男孩樂團（Beach Boy）用在「美妙的振動」(Good vibration）這首歌裡。特雷門琴有兩根電子天線，演奏時甚至無須觸碰，只要在附近揮動手即可。演奏者以一隻手控制音調、另一隻手控制音量，兩隻手的動作都像是電路的一部份。這項樂器是以發明者 —— 俄國物理學家特雷門（Leon Theremin）命名，他在 1919 年為俄國政府發展出動作感應器。列寧（Lenin）看過他的展示後留下深刻的印象，之後於一九二〇年代傳入美國。特雷門琴由穆格（Robert Moog）開始商業化生產，爾後他也繼續開發電子合成器，因而引爆流行音樂的革命。

計時　雖然在第十世紀就已經知道鐘擺，但直到第十七世紀才被廣泛使用。鐘擺擺動所花的時間長短，依懸掛的繩子而定，繩子越短、擺得越快。為了維持倫敦大笨鐘（Big Ben）的計時正確，需要在鐘擺上增加古老便士硬幣，以擺錘重量來調整繩長。硬幣會改變擺錘的質量中心，能夠比上下移動整個鐘擺更簡易、而且更正確地做改變。

簡諧運動不僅限於出現在鐘擺，而是在整個自然界都相當普遍。任何有自由振盪的地方，從電路裡的振盪電流到水波裡的粒子運動，甚至是早期宇宙中的原子運動，都可見到簡諧運動。

共振　以簡諧運動作為起始點再加上額外的力，就可以說明更複雜的振動。振動可能因馬達的額外能量而提高，或是因能量被吸收而降低。舉例來說，以弓規律地拉著大提琴的弦，能長時間製造振動；若是將一塊毛毯放到正在響的鋼琴弦上，就會因能量被吸收而振動降低。

驅動的力（例如拉弓）或許會同步增強主振盪，也或者會不同步。當兩者沒有同步時，振盪系統可能很快開始突然表現地相當奇怪。

這種振盪的戲劇性轉變，註定了美國最長的橋之一 —— 華盛頓州的塔科馬海峽吊橋（Tacoma Narrows Bridge）的命運。橫跨塔科馬海峽的吊橋，動起來就像是粗的吉他弦：在跟長度與維度相應的特定頻率下很容易振動。就像根音樂弦，這座橋不但跟它的基音共振，而且也迴盪著低音的泛音。工程師在設計橋的時候，努力讓橋的基音相當不同於自然現象，像是因為風、行進的汽車或水流造成的振動。然而在決定性的那一天來臨時，工程師們的準備顯然還是不夠。

塔科馬海峽吊橋（當地稱之為「奔馳的恐龍格蒂」）的長度有一英里，建材則是沉重的鋼筋和水泥。然而在 1940 年十一月的某一天，風強勁得開始引起扭轉振盪到橋的共振頻率，造成整座橋猛烈搖動而最終斷裂崩塌。幸運的是，當時沒有發生死亡事故，只有一個人因為想在橋墜落前從車上救一隻嚇壞的狗而被咬傷。工程師在那之後已經修復橋樑以阻止扭轉，不過即便到了今天，這座橋有時可能還是會因為預料之外的力而共振。

由於額外能量而增大的振動可能會很快失控，或許會行徑詭異、甚至是變得混亂，因此不再遵循規律或可預期的節奏。簡諧運動是穩定行為的基礎，但穩定卻十分容易被擾亂。

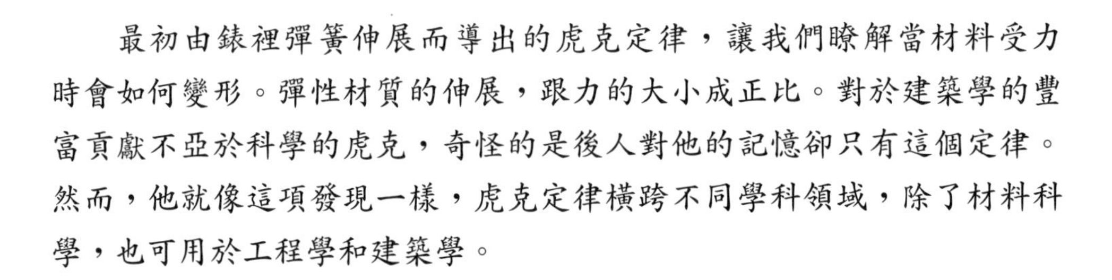

07 虎克定律

Hooke's law

最初由錶裡彈簧伸展而導出的虎克定律，讓我們瞭解當材料受力時會如何變形。彈性材質的伸展，跟力的大小成正比。對於建築學的豐富貢獻不亞於科學的虎克，奇怪的是後人對他的記憶卻只有這個定律。然而，他就像這項發現一樣，虎克定律橫跨不同學科領域，除了材料科學，也可用於工程學和建築學。

當你看著機械錶而知道時間的時候，你就要感謝有羅伯特 · 虎克（Robert Hooke），他是十七世紀的英國博學者，除了發明鐘錶裡的平衡彈簧和擒縱機構，也建造了精神療養院（Bedlam），並且為生物學裡的「細胞」命名。虎克不只是數學家，更是個實驗家。他在倫敦皇家學院（Royal Society of London）組織科學論證和演示，還發明了許多儀器。在研究彈簧時，他發現虎克定律，說明彈簧伸展的量跟你拉它的力成正比。也就是說，如果你用兩倍的力拉，彈簧伸展的程度就是之前的兩倍。

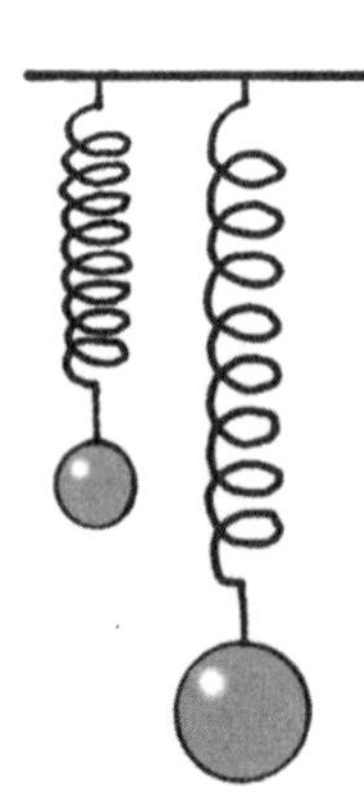

彈性　遵守虎克定律的材料被稱為「彈性」材料。彈性材料會伸展，而在任何力被移除時也會回到原來的形狀。橡皮筋和堅硬的彈簧都像是這樣。不過口香糖就不一樣了，當你拉它的時候會伸長，但不再拉時還是保持伸展的狀態。許多材料若施以適度範圍內的力，能出現彈性表現，

歷史大事年表

西元 1660 年

虎克發現彈性定律。

西元 1773 年

哈里森因爲成功測量經度而獲獎。

虎克（1635～1703年）

虎克出生於英國的懷特島（Isle of Wight），是個牧師的兒子。他在牛津的基督教會做研究，擔任物理學和化學家波以耳（Robert Boyle）的助手。1660年，他發現了虎克彈性定律，之後不久被任命為皇家學院的實驗負責人。五年後，虎克出版《微物圖解》（Micrographia），在將顯微鏡下的植物細胞相比於修道士所住的單人房（cell）一格一格的外觀後，他創造了「細胞」（cell）這個名詞。1666年，虎克協助重建大火後的倫敦，跟建築師雷恩（Christopher Wren）一起建造格林威治皇家天文台（Royal Greenwich Observatory）、大火紀念碑（Monument），以及被稱做「精神療養院」的貝特倫皇家醫院（Bethlem Royal Hospital）。虎克於1703年逝世，葬在倫敦的畢夏普司蓋特市（Bishopsgate），不過他的遺體在十九世紀被移往北倫敦，至今下落不明。2006年二月，發現了一份虎克所寫的皇家學院會議記錄副本，這份遺失已久的資料，目前存放在倫敦的皇家學院。

但如果拉得太長，就可能會斷掉或損壞。其他有些太過堅硬或太過柔軟的材料則無法被稱做有彈性，像是陶瓷或黏土。

根據虎克定律，彈性材料要拉到一定的長度，需要的力也永遠都是一定。這種特定力的大小，取決於材料的剛性（彈性係數），硬的材料需要較大的力才能伸展。高彈性係數的材料，包括堅硬的物質，像是鑽石、碳化矽和鎢；而比較軟（彈性係數低）的材料，則有鋁合金和木頭。

已伸展的材料被稱作是處於應變狀態。應變（strain）的定義，是因為伸展而長度增加的百分比，而施加的力（每單位面積）則被稱為應力（stress）。剛性的定義是應力和應變的比值。許多材料（包括鋼鐵、碳纖維，甚至玻璃）都有固定的彈性係數（對於小的應變），而且也遵守虎克定律。在建築樓房時，建築師和工程師會考慮材料的屬性，因而當建築物承受重大負載時才不會伸長或扭曲變形。

西元1979年

在英國的布里斯托首次挑戰高空彈跳。

反彈　虎克定律不只是工程師在使用。每年更有許多自助旅行者也會用到虎克定律，就在他們嘗試高空彈跳、綁著彈性繩從高台往下跳躍的時候。虎克定律讓跳的人知道，自己的體重所施的力會讓繩子伸長多少。正確計算並使用恰當的繩子長度相當重要，這樣他們頭下腳上往谷底跳的時候，才會在撞到底部之前就彈回來。高空彈跳這項運動，是由一些大膽的英國人在 1979 年開始的，他們從布里斯托（Bristol）的克利夫頓吊橋（Clifton Suspension Bridge）躍下，顯然他們是從電視上看到關於萬那杜（Vanuatu）的土著在腳踝綁著樹藤從高處往下跳以測試勇氣，因而產生的靈感。那些跳躍者即使都被逮捕，但還是持續在跳，而他們的想法也散佈到全世界，直到後來變成了一個商品化的體驗。

經度　旅遊者也以另一種方式仰賴虎克定律，他們用這個定律來協助導航。雖然利用監看太陽的高度或天上的星星來測量從北到南的緯度很簡單，不過要找出地球上自己的經度、或東西定位，就不是件容易的事。十七世紀和十八世紀初期，船員們都是冒著生命危險在航行，因為他們無法精確定位出自己在哪兒。英國政府提供一筆在當時算是相當龐大的金額（兩千萬英鎊）懸賞，希望有人能克服測量經度這個技術上的困難。

因為在地球上從東走到西，時間也會跟著改變，所以可以根據比較海上當地的時間（例如中午）和另一個已知地點的時間（例如倫敦的格林威治）來測量經度。格林威治（Greenwich）位於經度零度，因為時間是相對於當地的天文台所定；我們現在稱當地的時間為格林威治標準時間。這樣當然很好，不過當你在大西洋的中央時，該怎麼知道格林威治的時間呢？如果是在現代，你從倫敦飛往紐約，可以帶著設定倫敦時間的錶。不過在十八世紀初期，就沒有那麼簡單。當時的鐘錶技術沒有那麼先進，而最準確的計時器都內含鐘擺，因此無法在晃蕩的船上使用。英國的製錶師哈里

> 如果我看得更遠，那是因為我站在巨人的肩上。
>
> 牛頓，1675 年致虎克（可能是挖苦）的信中

森（John Harrison）發明了新的儀器，利用彈簧上的振動砝碼取代懸吊的鐘擺。然而在海上測試時，即使用這個也成效不彰。以彈簧計時的一個問題是，彈簧的伸展性會隨著溫度改變。由於船會從熱帶航行到極地，因而這個儀器也就無法使用。

哈里森想出新的解決方法。他在鐘錶裡放入雙金屬片，這是用兩種不同的金屬黏在一起做成。兩種金屬（例如黃銅和鋼）在受熱時有不同的延展量，因此會造成金屬片彎曲。將金屬片加入鐘錶機械，就可以平衡掉溫度的變化。哈里森發明的這個被稱為經度儀（chronometer）的新式鐘錶，不但贏得了獎金，而且也解決了經度的問題。

哈里森的四個實驗鐘錶，現今都存放在倫敦的格林威治天文台。前三個都很大，是由黃銅製成，用以展示精密複雜的彈簧橫機制。這三個鐘也都做得很漂亮，具有觀賞的價值。第四個、也就是得獎的設計，則是相當精巧，看起來就像是個大一點的懷錶。在石英電子表出現之前，許多年來在海上使用的都是類似那樣的鐘錶。

虎克　虎克的成就如此之多，而曾因此被尊稱為倫敦的達文西。作為一個科學革命的關鍵人物，他對科學的許多領域，從天文學到生物學、甚至是建築學都有所貢獻。不過他跟牛頓這兩位科學家，對彼此累積了許多仇恨，他們之間的衝突不斷是出了名的。牛頓很不高興虎克不接受他的光的顏色的理論，他也從不認同虎克提出的引力的平方反比理論。

雖然有許許多多的成就，但意外的是，虎克竟然沒有廣為人知。他沒有留下任何肖像，而虎克定律本身，或許就是對這位極負革新精神的人的最佳記錄。

08 理想氣體定律

Ideal gas law

氣體的壓力、體積和溫度都有關連，而理想氣體定律就是告訴我們這三者的關係是什麼。如果你加熱氣體，氣體就會想膨脹；如果你壓縮它，佔有的空間較小但壓力卻會升高。一想到外面的極冷空氣就打冷顫的飛機乘客，對於理想氣體定律就很熟悉，或者是爬得越高、感受到的溫度和壓力也跟著降低的登山者，對理想氣體定律更是不陌生。達爾文紮營在安地斯山脈的高海拔地區、卻煮不熟他的馬鈴薯時，或許甚至想對理想氣體定律有所埋怨。

如果你曾用過壓力鍋，那你就是用到了理想氣體定律來烹煮食物。壓力鍋是如何運作的呢？它們是密封的鍋子，讓你在烹煮時不讓蒸汽外洩。因為沒有任何蒸汽逸出，所以當任何液態水煮滾而產生越來越多的蒸汽時，會增加並提高內部的壓力。這壓力可能高到讓裡面的水不再沸騰，因此讓鍋裡湯的溫度高於正常水的沸點，亦即攝氏一百度。如此一來，會讓食物煮得更快，因此也不會讓風味流失。

首先提出理想氣體定律的是法國科學家埃米爾 · 克萊培倫（Emil Clapeyron），他在十九世紀提出這個定律，說明氣體的壓力、溫度和體積如何相互有關。如果擠壓體積、或提高溫度，會讓壓力升高。請想像有個盒子裡裝滿空氣。如果你把盒子的體積減小到一半，裡面的壓力就會變成兩倍。如果你把盒子的溫度加熱到原有的兩倍，那壓力也會變成兩倍。

歷史大事年表

大約西元前 350 年
亞里斯多德說「自然界容不下真空」。

西元 1650 年
格里克（Otto von Guericke）製造第一台真空幫浦。

西元 1662 年
確立波以耳定律（PV＝常數）。

理想氣體定律可寫做：
$PV = nRT$
P 是壓力、V 是體積、T 是溫度，而 n 是氣體的莫耳數（1 莫耳所含的原子數為 6×10^{23}，或稱亞佛加厥常數）。R 則是理想氣體常數。

克萊培倫提出的理想氣體定律，源自於兩個先前的定律，一是波以耳提出的定律，另一個則是查理（Jacques Charles）和給呂薩克（Joseph Louise Gay-Lussac）的定律。波以耳已經發現壓力和體積之間的關連，而查理和給呂薩克則是發現體積和溫度之間的關係。克萊培倫以考慮稱之為「莫耳」（mole）的氣體量，將這三種量結合，莫耳這個名詞，是描述原子或分子數的特定數量，也就是 6×10^{23}，又可稱為亞佛加厥常數（Avogadro's number）。雖然這個數量的原子聽起來很多，但這大概只是你在鉛筆筆芯裡找到的原子數。莫耳的定義是 12 克碳中所含的碳 12 的原子數。換句話說，如果你有亞佛加厥常數這麼多的葡萄柚，總和起來的體積大概就跟地球一樣大。

旗幟在真空中不會飄動的這件事，真是充滿希望的象徵。
克拉克（*Arthur C. Clarke*），生於 *1917* 年

理想氣體　什麼是理想氣體呢？簡單來說，理想氣體是遵循理想氣體定律的氣體。氣體會這樣表現，是因為相較於彼此間的距離，組成的原子或分子本身非常小，因此當它們四處彈跳的時候，彼此之間能乾淨地散開。此外，粒子之間沒有額外的力使它們黏在一起，像是電荷。

「惰性」氣體，像是氖、氬和氙的表現就是理想氣體，這些是由單原子（而非分子）所組成。對稱輕分子，像是氫、氮或氧的表現則幾乎像是理想氣體，然而較重的氣體分子，像是丁烷就比較不像理想氣體。

氣體的密度很低，其中的原子或分子完全沒有聚集在一起，而是可以自由到處移動。在理想氣體裡，原子的表現就像在壁球場裡縱情釋放的成千皮

西元 1672 年
帕潘氏熱壓蒸煮器問世。

西元 1802 年
確立查理－給呂薩克定律（Charles-Gaylussac's Law）（V/T ＝ 常數）。

西元 1834 年
克萊培倫提出理想氣體定律。

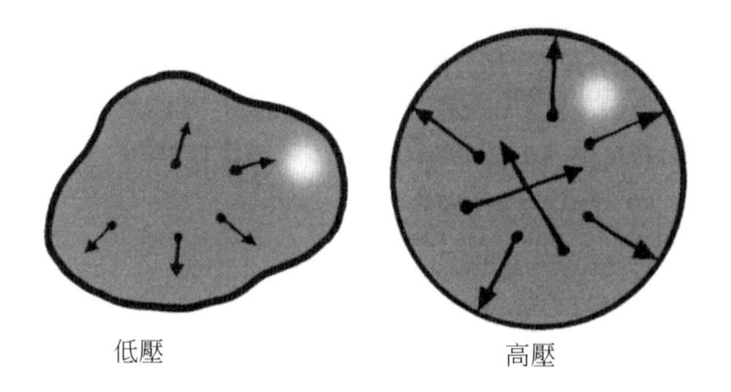

球，在彼此之間與容器壁間彈來彈去。氣體本身沒有邊界，不過可以被限制在一個容器中，而這個容器就能定義氣體的特定體積。容器的尺寸縮小，就會把分子彼此推擠得更靠近，根據氣體定律，這樣也會同時提高溫度和壓力。

理想氣體的壓力，來自於原子和分子在推擠時彼此撞擊、或撞擊容器壁的力。根據牛頓第三定律（參見第 8 頁），反彈的粒子會施加一個反作用力在容器壁上。與容器壁的碰撞是有彈性的，因此反彈回來時不會失去能量或黏在一起，但是會把動量轉化到容器壁上，因而感受到壓力。動量會讓容器向外動，但容器的強度會抗拒任何運動，而且因為任何方向都可以感受到力，所以平均而言力會相互平衡。

溫度升高會加速粒子的速度，因此施加在容器壁上的力甚至變得更大。熱能量被轉換到分子上，提高分子的動能並使得分子四處移動得更快。而當分子撞到容器壁的時候，會轉換更多的動量，再次提高壓力。

體積縮小會增加氣體的密度，因此跟容器壁之間的碰撞也會增加，因而壓力又再度提高。此時溫度也會升高，因為能量守恆，所以在有限的空間裡的分子速率會提高。

有些氣體並不完全遵循這個定律。分子較大或較複雜的氣體，可能受到彼此之間的額外的力，讓它們比理想氣體更容易結成一團。這種黏性的力，可能因組成分子的原子所帶的電荷而增大，如果氣體受到高壓或溫度很低而讓分子動得緩慢，就更有可能發生這種情況。黏性很強的分子，像是蛋白質或脂肪，甚至永遠都不會變成氣體。

壓力和高度　當你在地球上爬山的時候，相較於海平面上的壓力，你爬得越高、大氣壓力就越低，這是因為在越高的地方，上方的大氣就越少。或許你注意到，這跟溫度的下降剛好一樣。飛機在高空飛行時，外面的溫度下降到低於零度。這也是一個理想氣體定律的證明。

在高的地方，因為大氣壓力低，所以水的沸騰溫度比在海平面低。由於食物因此不容易煮熟，所以登山者有時會使用壓力鍋。即便達爾文（Charles Darwin）知道在十七世紀後期，就有個法國物理學家帕潘（Denis Papin）發明了「蒸汽熱壓蒸煮器」，然而 1835 年當他在安地斯山脈旅行時，還是很遺憾手邊沒有一個壓力鍋可用。

誠如達爾文在他的《小獵犬號之旅》（Voyage of the Beagle）中所寫：

「在我們休息的地方，水一定會沸騰。但由於大氣壓力減小，沸騰的溫度比地勢低的地方來得低；這個情況跟帕潘氏熱壓蒸煮器（Papin digester）正好相反。因此，馬鈴薯即使在滾水裡煮好幾個小時，好像還是永遠都煮不軟。鍋子放在火上一整晚，到了第二天早上再滾一次，但馬鈴薯仍然沒有煮熟。我是因為聽見兩個同伴在討論原因而發現到這點，他們得出了一個簡單的結論：『這該死的鍋子（還是個新鍋）決定不讓馬鈴薯煮熟。』」

真空　如果你能飛越高山到達大氣的頂端、或者到外太空，壓力會下降到幾乎等於零。理想真空是指裡面完全沒有任何原子，但宇宙中沒有任何地方存在著理想真空。即使在外太空，還是有零星分布的原子，數量大約是每一立方公分有幾個氫原子。希臘哲學家柏拉圖和亞里斯多德不相信有純粹的真空存在。因為「無」不可能存在。

今日，量子動力學的概念也已不再考慮空的空間為真空的想法，而是認為有虛擬次原子粒子在裡外擾動。宇宙學甚至認為，空間可能具有負壓，以暗能量顯示，會加速宇宙的膨脹。看來，自然似乎真的很討厭真空。

【重點概念】　壓力鍋物理學

09 熱力學第二定律
Second law of thermodynamics

熱力學第二定律是現代物理學的支柱。這個定律是說，熱會從高溫物體傳到低溫物體，但不會反向傳遞。因爲熱可以測量混亂程度（或稱爲「熵」），所以表達這個概念的另一種方法是，熵在孤立系統中只會增加。第二定律跟時間演進、事件開展以及宇宙的終極命運，有著緊密的關連。

當你把熱咖啡倒進一杯冰塊裡時，冰塊會加熱而融化，咖啡則是會變冷。你是否曾懷疑過，為什麼溫度沒有變得更極端呢？咖啡可以吸取冰塊的熱，讓自己變得更熱而使冰塊變得更冷。經驗告訴我們，這種情況不可能發生，但為什麼會這樣呢？

冷、熱物體朝著平均溫度改變熱度的傾向，就是熱力學第二定律。總體來說，熱無法從冷的物體流向熱的物體。

那麼，冰箱是如何作用的呢？如果我們無法將溫度轉移到別的地方，那該如何冰鎮一杯柳橙汁呢？第二定律讓我們只能在特定的環境下做到這點。就像是冷卻東西的副產品，冰箱也會產生很多熱，只要你把手放在冰箱背面就會知道。如果考慮冰箱與周遭環境的總體能量，因為有放熱，所以實際上並沒有違反第二定律。

> 正因為熵的持續增加是宇宙的基本定律，所以生命的基本定律就是一直在與熵對抗並維持好的結構性。
>
> 哈維爾（*Vaclav Havel*），*1977* 年

歷史大事年表

西元 1150 年

婆什迦拉提出永動輪。

西元 1824 年

卡諾（Sadi Carnot）奠定熱力學的基礎。

熵 熱真的是種對混亂程度的測量，而在物理學中，混亂程度通常被量化為「熵」（entropy），測量一些物品以什麼方式自我安排。一包還沒煮的義大利麵或一把乾麵條，因其有次有序而有較低的「熵」。當義大利麵被丟到滾水裡煮而糾成一團時，混亂程度就變得較高，而因此有較高的熵。同樣的，排列整齊的玩具兵有較低的熵，但如果被散在一地，他們的分布就具有較高的熵。

這跟冰箱有什麼關係？說明熱力學第二定律的另一種方法就是，在一個封閉系統裡的熵只會增加、從不減少。溫度跟熵有直接相關，而冷的物體具有較低的熵。因為高溫物體的原子比低溫物體的原子來得混亂，原子的振動也比較多。因此整體考量之下，一個系統內若有任何熵的改變，造成的綜合效果一定是增加。

就冰箱的例子來說，讓柳橙汁變冷是降低熵，但冰箱產生的熱空氣補償了那個部份。事實上，熱空氣增加的熵，實際上超過因冷卻而降低的熵。如果你考慮的是包括冰箱和環境的整個系統，那熱力學第二定律仍然為真。熱力學第二定律的另一種說法是，熵永遠會增加。

第二定律存在於孤立系統，也就是沒有能量匯入或流出的封閉系統。能量在其中守恆。按照定義，宇宙本身就是個孤立系統，宇宙中沒有東西存在於宇宙之外。因此，若將宇宙視為一個整體，能量會守恆而熵也一定只會增加。或許在小範圍內會經歷熵的些微降低，像是冷卻，但這都會被補償，就像是冰箱會在其他區域升高溫度，製造更多的熵而讓總數提高。

（不）時髦的宇宙？

近來，天文學家試著計算宇宙的平均顏色，方法是加總宇宙裡的星光，結果發現不是像陽光的黃或粉紅或淡藍，而是沉悶的米黃色。數十億年後，當熵最終勝過引力之後，宇宙會變成一片均勻的米黃色海洋。

西元 1850 年
克勞修斯（Rudolf Clausius）定義「熵」以及第二定律。

西元 1860 年
馬克士威爾假設「馬克士威爾小妖」的存在。

西元 2007 年
雷自稱製造出小妖機器。

熵的增加看起來像是什麼？如果你把巧克力糖漿倒入一杯牛奶裡，剛開始熵是低的，所以牛奶和糖漿會壁壘分明，一白、一黑。如果你攪拌這杯飲料而提高混亂程度，分子就會混合在一起。最高混亂程度的最終點，是糖漿完全溶在牛奶裡，變成淡淡的焦糖色。

請再想一想整個宇宙，第二定律同樣意指原子會隨時間逐漸變得更為混亂。任何一團物質都會慢慢散開，直到宇宙充斥著這些物質的原子。因此雖然一開始是多種色彩的星星和星系，但宇宙的最終命運是片原子混合的灰色海洋。當宇宙膨脹到星系破裂、其中的物質被稀釋時，最後留下的是粒子的混合湯。假定宇宙會一直膨脹，而這個最終狀態就是所謂的「熱寂」（heat death）。

永動　因為熱是一種能量的形式，所以可被用來做功。蒸汽引擎將熱轉換成活塞或渦輪的機械運動，用以發電。熱力學的發展，主要是在十九世紀從蒸汽引擎的實用工程而來，並非一開始由物理學家在紙上推導出來。第二定律的另一個意涵是，蒸汽引擎和其他使用熱能的引擎都不完美。在將熱改變成另一種能量形式的過程中，會流失一些能量，因此系統的熵，就整體來看是增加的。

永動機 —— 永遠不會喪失能量而能一直運轉的機器 —— 的概念，自中古世紀以來就一直強烈地誘惑著科學家。熱力學第二定律澆熄了他們的希

熱力學定律的另一種觀點

- 第一定律
  你贏不了的
  （參見第 18 頁的能量守恆）
- 第二定律
  你只能輸
  （參見第 34 頁）
- 第三定律
  這場遊戲你不能不玩
  （參見第 38 頁的絕對零度）

望，但在這之前，許多人還是提出了可能的機器草圖。波以耳想像出一個能自行排空和填滿的杯子，印度數學家婆什迦拉（Bhaskara）提出一種輪子，能以轉動時沿著輪輻下降的重量推動自己轉動。事實上，如果仔細觀察，這兩樣機械都會失去能量。

像這樣的想法到處都有，甚至在十八世紀永動機還得到了惡名。法國皇家科學院（French Royal Academy of Science）和美國專利局（American Patent Office）都一律禁止永動機。今日，永動機還是屬於古怪私人發明家的領域。

馬克士威爾小妖　一八六〇年代，蘇格蘭物理學家馬克士威爾（James Clerk Maxwell）以一個假想實驗，提出一項最具爭議的嘗試來反駁第二定律。想像有兩盒空氣並排放在一起，它們的溫度都相同。盒子之間開了一個小孔，這樣氣體的粒子就能從一個盒子移動到另一個盒子。如果一邊比另一邊更溫暖，粒子會通過而逐漸讓溫度變得平均。馬克士威爾想像有個小妖、一個顯微鏡才能看到的小妖，能從一個盒子裡只捉住速度快的分子推到另一個盒子。這樣，因為另一個盒子的犧牲，這個盒子裡的分子平均速度便會增加，亦即溫度會上升。由此，馬克士威爾假設，熱可以從較冷的盒子移動到較熱的盒子。這個歷程會不會違背熱力學第二定律？藉由選出正確的分子，是否能讓熱轉移到較熱的物體上呢？

馬克士威爾小妖為何行不通的解釋，一直是物理學家待解的謎。許多人認為，測量粒子速度以及開啟、關閉任何活板門的過程，都需要做功，因而需要能量，所以這表示系統的總熵不會減少。與之最接近的是愛丁堡物理學家雷（David Leigh）的「小妖機器」。他的發明，確實能分開快速移動和慢速移動的粒子，但需要外界的能量來源才能進行。因為沒有機器能不用外加能量就移動粒子，所以即便到了今日，物理學家還是沒有找到方法來反駁第二定律。至少到目前為止，第二定律還是成立。

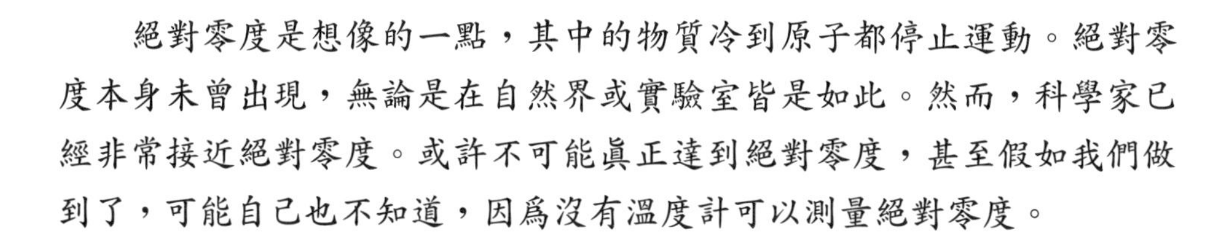

10 絕對零度
Absolute zero

絕對零度是想像的一點，其中的物質冷到原子都停止運動。絕對零度本身未曾出現，無論是在自然界或實驗室皆是如此。然而，科學家已經非常接近絕對零度。或許不可能眞正達到絕對零度，甚至假如我們做到了，可能自己也不知道，因爲沒有溫度計可以測量絕對零度。

當我們測量某樣東西的溫度時，我們是在記錄其組成粒子的平均能量。溫度代表的是粒子振動或四處移動得有多快。在氣體或液體中，分子可以自由地往各個方向移動，而且常常會彼此彈來彈去。因此，溫度跟粒子的平均速率有關。固體中，原子被固定在晶格（lattice）結構，就像是麥卡儂金屬建構組合（Meccano，譯註：一種組合玩具）由電子鍵結在一起。當溫度升高時，原子開始充滿活力而在自己的位置上一直動來動去，就像是晃動的果凍。

當你冷卻物質時，原子的移動就會減少。若是在氣體中，它們的速率會下降；而在固體中，它們的振動則被減低。隨著溫度下降得越來越低，原子的運動也越來越少。如果夠冷，物質可能會變得太冷而使其中的原子完全停止運動。這個假設的靜止點，就稱作為絕對零度。

凱氏溫標　絕對零度的概念，是在十八世紀由溫度和能量的圖表外推到 0 而推論出來。能量隨著溫度穩定上升，連結兩個量的直線可以往後投影，找出能量到達 0 時的溫度：攝氏零下 273.15 度或華氏零下 459.67 度。

歷史大事年表

西元前 1702 年
阿蒙頓（Guillaume Amontons）提出絕對零度的概念。

西元 1777 年
蘭勃特（Lambert）提出絕對溫標。

西元 1802 年
給呂薩克確認絕對溫度攝氏零下 273 度。

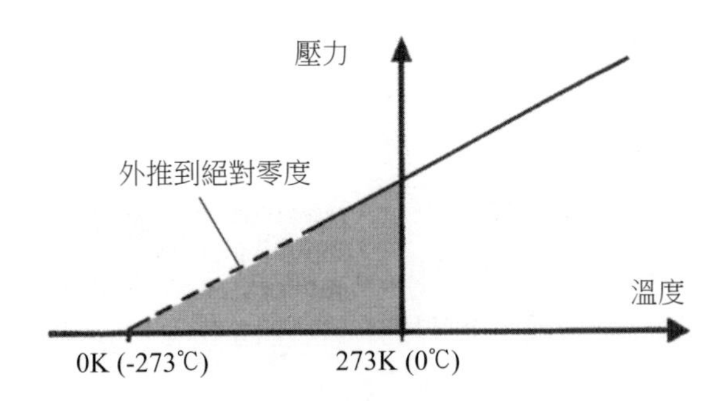

十九世紀，凱爾文爵士（Lord Kelvin）提出新的溫標，稱為凱氏溫標（Kelvin temperature scale，K），起點為絕對零度。凱爾文的溫標有效採納攝氏溫標並取而代之。因此，水的冰點從攝氏 0 度改說成凱氏 273 度，而沸點則是凱氏 373 度（等於攝氏 100 度）。這個溫標的上限是固定的，即為在特定壓力下，水、蒸汽和冰塊三相可以同時共存的溫度，這個溫度在低壓力下（小於 1% 大氣壓力）是凱氏 273.16 度或攝氏 0.01 度。現今的多數科學家，都使用凱氏溫標來測量溫度。

大嚴寒　絕對零度的感覺有多冷？當室外的溫度接近冰點或開始下雪時，我們知道那個感覺為何。你的呼吸結凍，而你的手指開始變得麻痺。這已經夠冷了。北美的部份地區和西伯利亞，冬天的氣溫可達攝氏零下 10 或 20 度；在南極，溫度更有可能到達攝氏零下 70 度。地球上能感受到的自然界最低溫度，是寒冷的攝氏零下 89 度，或凱氏 184 度，這個溫度發生在 1983 年南極洲的中心 ——沃斯托克（Vostok）。

如果你登上高山或坐飛機飛得很高，溫度也會下降。若是進入太空，溫度甚至會更低。但就算是在太空的最深、最空處，最冷的原子溫度還是高於絕對零度幾度。目前在宇宙中發現的最冷環境，位處於飛旋鏢星雲（Boomerang Nebula）

> 因為我喜歡把冰棒保持在絕對零度，所以我使用凱氏溫標的機會比多數美國人還多。我發現，甜點只有在分子沒有任何運動的情況下才會美味。
>
> 克羅斯特曼（*Chuck Klosterman*）, *2004* 年

西元 1848 年 定義凱氏溫標。

西元 1900 年 凱爾文發表「兩朵烏雲」演講。

西元 1930 年 實驗測量更精確的精密絕對零度。

西元 1954 年 絕對零度正式定義爲攝氏零下 273.15 度。

內部，這片暗黑氣體雲只比絕對零度高一度。

在這星雲之外，整個空蕩蕩的太空中，周遭的環境溫度是相對溫和的凱氏 2.7 度。這浴池的溫熱，是因為宇宙微波背景輻射，從大爆炸留下、遍及整個太空的熱（參見第 180 頁）。若要變得再冷一點，就要隔絕這種背景輻射，而任何原子都應該失去它們殘存的熱。因此，幾乎很難想像太空中有任何地方真的存在著絕對零度。

在湯姆遜（凱爾文爵士的原名）生涯的前半段，他似乎不會出錯；然而在後半段，他卻似乎無法做對。

華生（*C. Watson*），*1969* 年
（凱爾文爵士的傳記作者）

室內的寒冷 物理學家已在實驗室裡暫時達到更冷的溫度，他們在此嘗試短時間接近絕對零度。他們已經相當接近，比外太空的環境還要更接近。

實驗室用到許多液化氣冷卻劑，但這些冷卻劑的溫度還是高於絕對零度。氮有可能冷卻到凱氏 77 度（攝氏 196 度）而變成液體。液態氮很容易

凱爾文爵士（1824～1907 年）

原名為威廉・湯姆遜（William Thomson）的英國物理學家凱爾文爵士（Lord Kelvin）解決了許多電與熱的問題，不過他最知名的功績，是協助建造第一條橫跨大西洋的海底電纜以傳送電報。湯姆遜發表了六百多篇論文，並且被選為倫敦皇家學院的院長。他是位保守的物理學家，拒絕接受原子的存在、反對達爾文的演化論，而且不相信地球和太陽年齡的相關理論，這些都造成他在許多爭論裡無立足之地。湯姆遜因為凱爾文河流經格拉斯哥大學（Glaswog University）和他的家鄉——蘇格蘭沿岸的拉格斯（Largs），所以改名為凱爾文男爵（Baron Kelvin of Largs）。1990 年，凱爾文爵士在大英皇家學院（Royal Institution of Great Britain）進行了一場相當出名的演講，他在演講中哀嘆地說到「理論的優美和明確」被「兩朵烏雲」所遮蔽，這兩朵烏雲即為當時有缺陷的黑體輻射理論，以及對於假定光在「以太」或氣體介質中行進的觀察嘗試失敗。他提出的這兩個問題，之後被相對論和量子理論解決，然而湯姆遜在他的時代，則是努力想以牛頓物理學來解決。

被裝進鋼瓶，可在醫院用來保存生物樣本（像是生育中心用以冷凍胚胎和精子），以及用在先進電子儀器。若是把康乃馨花泡進液態氮冷卻，會變得很脆，掉落在地面會像是瓷器般碎裂。

液態氦的溫度更低，只有凱氏四度，但還是高於絕對零度。混合兩種氦（氦 -3、氦 -4），就有可能將混合物的溫度降到凱氏幾千分之一度。

為了達到更低的溫度，物理學家需要更聰明的技術。1994 年，在科羅拉多州博爾德（Boulder）的美國國家標準技術研究院（American National Institute for Standards and Technology，NIST）裡，科學家們利用雷射，設法將銫原子冷卻到凱氏千萬分之七度。九年後，麻省理工學院（Massachusetts Institute of Technology，MIT）的科學家又更進一步，達到凱氏百億分之五度的範圍內。

確實，絕對零度是個抽象的概念。實驗室裡從來沒有達到過，而在自然界中也未曾測量到這個溫度。

隨著科學家越是嘗試更為接近，他們就一定更得接受，絕對零度在現實中可能真的永遠不能觸及。

為什麼竟然會是這樣呢？首先，任何本身不是絕對零度的溫度計都會增加熱，因此破壞它達到的成果。第二，在能量這麼低的情況下很難測量溫度，此時的其他效應（像是超導性和量子力學），都會干擾和影響原子的運動和狀態。因此，我們當然永遠都無法知道我們是否測到了絕對零度。關於絕對零度，或許就是一種「那裡哪兒都不是」的情況。

【重點概念】 大寒冷

11 布朗運動

Brownian motion

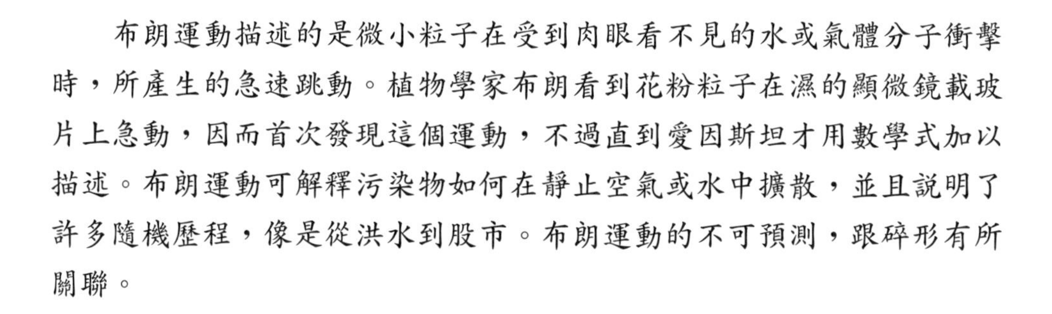

布朗運動描述的是微小粒子在受到肉眼看不見的水或氣體分子衝擊時，所產生的急速跳動。植物學家布朗看到花粉粒子在濕的顯微鏡載玻片上急動，因而首次發現這個運動，不過直到愛因斯坦才用數學式加以描述。布朗運動可解釋污染物如何在靜止空氣或水中擴散，並且說明了許多隨機歷程，像是從洪水到股市。布朗運動的不可預測，跟碎形有所關聯。

十九世紀，植物學家羅伯特 · 布朗（Robert Brown）看著顯微鏡底下的花粉粒時注意到，這些花粉粒並不是靜止不動，而是在四處急動。當時，他猜想著這些花粉粒是否還活著。顯然不是，而是被布朗塗在載玻片上的水分子運動到處碰撞。花粉粒子運動的方向很隨機，有時很小、偶爾動得很大，而且會漸漸地遵循一種無法預測的路徑在載玻片上移來移去。其他的科學家苦思布朗的發現，並且以他的名字將之定名為布朗運動。

隨機漫步　布朗運動的發生，是因為微小的花粉粒子每次在被水分子碰撞時，就會被輕輕地踢一下。肉眼看不見的水分子會四處移動而且一直彼此相撞，因此它們會規律地碰撞、推擠花粉。

儘管花粉粒的尺寸是水分子的幾百倍大，但因為花粉隨時都被許多水分子撞擊，而每個水分子都以隨機的方向運動，所以總是會有不平衡的力讓花粉微微運動。這個現象一再地重複發生，因此被撞擊的花粉會依循鋸齒狀的

歷史大事年表

大約西元前 420 年
德謨克利特（Democritus）假定原子的存在。

西元 1827 年
布朗觀察花粉的運動而提出機制。

路徑移動，有點像是喝醉的人搖搖晃晃所走的路。花粉的移動路徑無法被事先預測，因為水分子是隨機撞擊，所以花粉可能會衝往任何方向。

許多懸浮在液體或氣體裡的微小粒子都受布朗運動影響。就連很大的粒子，像是煙粒子都會出現布朗運動，如果你用放大鏡看，就會發現煙粒子在空氣中跳著吉魯巴。粒子受到的撞擊大小，依分子的動量而定。因此，當液體或氣體的分子很重、或運動得很快（例如液體很熱）時，受到的撞擊就比較大。

十九世紀後期就開始有人試圖解開布朗運動背後的數學，但直到愛因斯坦在 1905 年發表論文，物理學家才注意到它，而在同一年，愛因斯坦發表了相對論以及讓他贏得諾貝爾獎的光電效應解釋。愛因斯坦借用同為根據分子撞擊的熱力學，成功地說明布朗所觀察到的運動。觀察而得的布朗運動提供了證據，證明液體中存在著分子，使得物理學家們被迫接受原子理論，然而這項理論即使到了二十世紀初期還是一直受到質疑。

擴散　隨著時間經過，布朗運動可能會造成粒子運動了一段距離，但這段距離絕對不會像路徑暢行無阻且以直線運動那般遠。這是因為隨機性（Randomness），也就是把粒子往後拉的可能性，就跟把它往前推的可能性差不多。因此，如果有一團粒子落到某液體的一處，便會向外擴散，即使沒有人攪動或液體沒有流動也是如此。

各個粒子會以自己的方式滾動，造成密集的一小滴會散開成擴散的雲。這樣的擴散，對於污染物從源頭四散很重要，像是大氣中的氣霧劑。就算是完全沒有風，化學物質光是因為布朗運動就會四處散開。

碎形　正在進行布朗運動的粒子所遵循的路徑，就是一種碎形的例子。路徑中的每一步，都有可能是任何大小、往任何方向，然而還是會出現一些整體的圖樣。這個圖樣內含各種大小的結構，從可想像的最小到相當大。這就是碎形的定義特徵。

布朗運動的「隨機漫步」

西元 1905 年

愛因斯坦確定布朗運動背後的數學。

西元 1960 年代

曼德布洛特發現碎形。

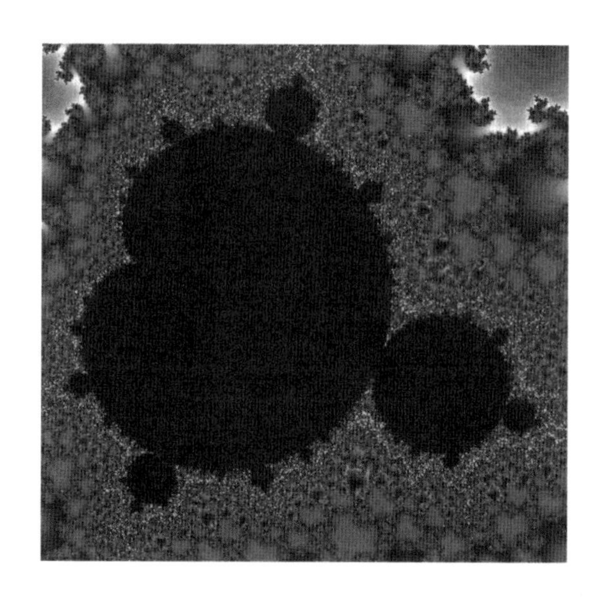

碎形是由曼德布洛特（Benoit Mandelbrot）在一九六〇和一九七〇年代所定義，是一種量化自我相似形狀的方式。碎形是碎形維度的簡稱，也就是圖樣在任何尺度下基本上看來都相同。如果你拉近到圖樣的一小片斷，它看起來跟大尺度沒什麼差別，因此你無法光用看就區別出放大倍數。這些重複和無尺度的圖樣在自然界經常可見，像是海岸線的繆折、樹的枝枒、蕨類的葉片，或是雪花的對稱六角型。

碎形維度因為依你所看的長度和維度尺度而升高。如果你測量海岸線上兩個城鎮 —— 地角（Land's End）和蒙特灣（Mount's Bay）—— 的距離，或許你會說三十公里，但如果你考慮每一顆石頭並且以繩子測量每一個的周長，或許你需要一段一百公里長的繩子才能做到。

如果你更進一步想測量海邊的每一顆沙粒，那麼你就需要一條幾百公里長的繩子。因此，這裡的絕對長度，依據的是你想測量的尺度。如果把所有一切弄糊到粗糙的程度，那麼你就回到熟悉的三十公里。在這種意義上，碎形維度測量的是某樣東西的粗糙度，像是雲、樹或山脈。許多這些碎形形狀

（像是海岸線的輪廓），可以由一系列的隨機運動步驟製造出來，因此這也跟布朗運動有關。

布朗運動的數學、或隨機運動的序列，可用來產生許多科學領域中相當有用的碎形圖樣。可以為電腦遊戲製造概略的虛擬山川、樹木和雲朵，或是用在空間定位計畫，以模擬地形的山脊和地裂來協助機器人引導自己通過不平坦的地勢。當醫生需要分析身體複雜部份的結構時，像是分支結構粗細不一的肺部，這也有助於用在醫療造影。

布朗運動的概念，在預測未來因為許多隨機事件加總而來的風險和事件上也很有用，像是洪水和股市動盪。股市可被看作是股票的組合，而隨機的股價，就像是一組分子在進行布朗運動。布朗運動也出現在模擬其他的社會歷程，像是製造和決策判斷。布朗運動的隨機運動，有著廣泛的影響且隱藏在許多形式當中，而不只是顯現在一杯熱茶裡跳舞的茶葉。

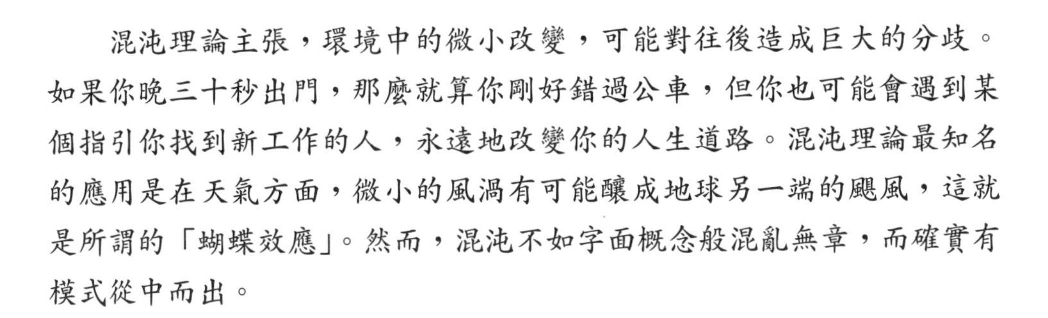

12 混沌理論
Chaos theory

混沌理論主張，環境中的微小改變，可能對往後造成巨大的分歧。如果你晚三十秒出門，那麼就算你剛好錯過公車，但你也可能會遇到某個指引你找到新工作的人，永遠地改變你的人生道路。混沌理論最知名的應用是在天氣方面，微小的風渦有可能釀成地球另一端的颶風，這就是所謂的「蝴蝶效應」。然而，混沌不如字面概念般混亂無章，而確實有模式從中而出。

巴西的蝴蝶拍動翅膀，可能造成德州的龍捲風。這就是所謂的混沌理論。混沌理論認為，有些系統可以產生非常多樣的行為，即便他們的起始點十分相似。天氣就是這樣的系統之一。某個地區的溫度或壓力發生細微扭轉，可能會引發一連串進一步的事件，因而觸發其他某處的豪雨。

混沌在某種程度上算是誤稱。因為它的含意並不是完全地猛烈、無法預測或沒有結構。混沌系統屬於決定論，因此如果你知道確切的起始點，那就可以預測也可以再重複。簡單物理學是描述一連串事件的開展，其中每次嘗試得到結果都會一樣。但如果你只取最後結果，卻不可能反推回去，得出從何開始，因為有許多路徑都可能導致如此。那是因為觸發這樣和另一樣結果的差異情況，可能相當微小、甚至無法測量。因此，歧異的結果，源自於相當微小的輸入變換。因為有這樣的歧異，所以如果你對於輸入的值無法確定，那麼後續行為的可能範圍就相當地廣。

歷史大事年表

西元 1898 年	西元 1961 年
阿達馬的撞球表現出混沌行爲。	羅倫茲致力於天氣預測。

就天氣方面，如果風渦的溫度跟你想的只有幾分之一度的差別，你的預測就有可能完全錯誤，最後得出的不是暴風雨而是下點小雨，或在隔壁鎮上有劇烈龍捲風。因此，天氣預報能預測的時間範圍有限，即使從一大堆繞行地球的衛星和氣象站裡得到大量關於大氣狀態的資料，但氣象預報員也只能預報幾天之後的天氣模式。在那之後，不確定性會因為混沌而變得太大。

發展　混沌理論是在一九六〇年代，由美國數學家兼氣象學家愛德華．羅倫茲（Edward Lorenz）發展出來。在利用電腦模擬天氣時，羅倫茲注意到只因為輸入的數字以不同方式四捨五入，他的編碼就產生截然不同的天氣模式。當時為了協助計算，他將模擬分成不同幾塊，試圖印出數字然後用手再次輸入，想從中間開始計算。印出的結果中，數字四捨五入到小數點第三位，而他自己輸入的就是這個數字，但電腦的記憶體處理的數字是到小數點第六位。因此，在模擬的中間將 0.123456 變成 0.123 時，羅倫茲發現導出的天氣結果截然不同。電腦四捨五入引發的微小錯誤，對於最終的氣象預測卻有深遠的效果。他的模擬可以重複，因此不是隨機，然而差異很難加以解釋。編碼的微小扭轉，為何會在一項模擬中產生好天氣、而在另一項模擬中產生狂風暴雨呢？

蝴蝶效應

混沌——微小改變可能對後續造成巨大分歧——的主要概念，在羅倫茲觀察到生物拍動翅膀而造成龍捲風後，常常被稱作為「蝴蝶效應」。這樣的概念，特別是有關於時間旅行方面，已被廣泛用在電影和流行文化，包括「蝴蝶效應」（The Butterfly Effect）、甚至是「侏羅紀公園」（Jurassic Park）這兩部電影。1946 年的電影「風雲人物」（It's a Wonderful Life）中，有位天使讓主角喬治看到，如果他沒有出生，他的家園會多麼的悲慘。天使告訴他：「喬治，你擁有極大的天賦：有機會看到沒有你的世界會像是什麼模樣。」喬治發現，正是他的存在，拯救了一個快被溺死的人，而他的人生真的是如此美好。

西元 2005 年

發現海王星的衛星以混沌的軌道運行。

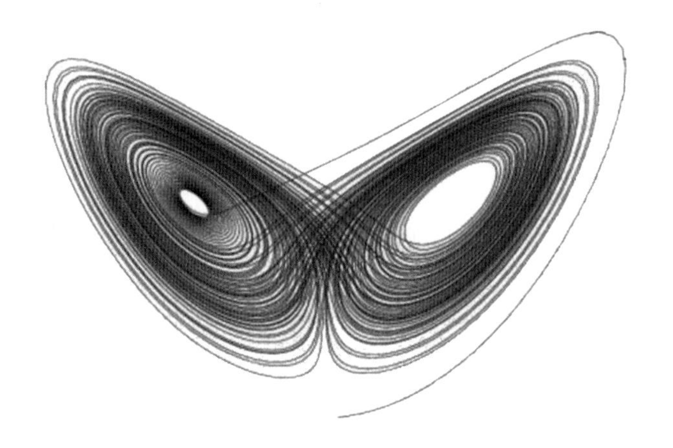

羅倫茲在經過更仔細地觀察後發現，輸出的天氣模式受限在特定子集，他稱之為「吸子」。改變輸入不可能產生隨意的任何一種天氣，而還是會偏向一組天氣模式，只不過還是很難事前正確預測輸入的數字接著應該出現什麼。

這就是混沌系統的關鍵特徵：遵循整體模式，但特定的終點無法投射回特定的起始輸入，因為這些結果的可能路徑之間相互重疊。簡言之，得出最終輸出結果的方法有許多種。

輸入和輸出之間的關連可以被繪製成圖，以此顯示特定混沌系統可能出現的行為範圍。這樣的圖，畫出了吸子的解答，有時會將之指稱為「奇異吸子」(strange attractor)。羅倫茲吸子的著名例子，看來像是好幾個微微改變和扭曲的 8 字圖樣交疊，就好像蝴蝶翅膀的形狀。

> 運輸機上的人都死了！哈利沒去那兒解救他們，這是因為你沒有去救哈利！喬治，你看：你真的擁有美好的人生。你難道看不出來，如果丟棄了人生會是多大的錯誤嗎？
>
> 電影「風雲人物」，*1946* 年

混沌理論出現的時間，跟發現碎形的時間相同。事實上這兩者關係密切。許多系統的混沌解答的吸子圖，看來就是碎形，其中吸子的細微結構有許多不同尺度的結構。

早期例子　雖然因為電腦出現才真正開啟混沌理

論，讓數學家以不同的輸入數字重複計算行為，但表現出混沌行為的更簡單系統，在更早之前就已經被發現。例如，在十九世紀晚期，混沌已應用在撞球路徑以及運行軌道的穩定性。

阿達馬（Jacques Hadamard）研究粒子在曲面運動的數學，像是高爾夫球場上的球，這被稱之為「阿達馬的撞球」。粒子在有些表面上，路徑變得很不穩定，它們會從邊緣掉落。其他有些雖然會停留在表面，但遵循的路徑卻相當多變。不久之後，龐加萊（Henri Poincare）也發現，在引力作用下，三個星體的運行軌道有著非重複的解，像是地球若有兩個月亮，就會看到不穩定的軌道。三個星體會以一直改變的迴圈彼此運行，但是不會飛離開來。於是數學家試圖發展出多重星體運動理論，也就是已知的遍歷理論（ergodic theory），並將之應用在紊流流體以及無線電路的電振盪。從一九五〇年代開始，隨著新混沌系統的發現以及使計算變得容易的電腦出現，混沌理論開始迅速發展。最初的一台電腦 ENIAC，就被用作天氣預報以及研究混沌。

混沌行為廣泛存在於自然界中。就像影響天氣和其他液體流動一般，混沌也發生在許多的多重天體系統，包括行星的運行軌道。海王星有超過十二顆衛星，它們沒有年復一年地遵循相同的軌道，混沌使海王星的衛星以不穩定的軌道彈跳，而這些軌道年年都會改變。有些科學家認為，我們太陽系的規律安排，可能最終會被混沌打敗。如果我們的星球和其他行星在幾十億年前都加入一場巨型比賽，用力搖動所有的軌道直到不穩定的星體完全消失，那麼我們今日所見的穩定行星模式就是被留下來的這些。

13 白努利方程式

Bernoulli equation

白努利方程式提出的就是流體的速度和壓力之間的關係。這決定了飛機爲什麼會飛、血液如何流經我們的身體，以及如何將燃料注入汽車引擎。快速流動體產生低的壓力，這點說明了跟飛機機翼有關的升力以及自來水水流變細。白努利曾利用這個效應，將管子直接插入病人的靜脈來測量血壓。

當你打開水龍頭時，流下來的水量比剛從出水口出來時細一些。為什麼會這樣？還有，這跟飛機飛行與血管成形術有什麼關係呢？

荷蘭物理學家和醫生丹尼爾 ‧ 白努利（Daniel Bernouli）瞭解到，流動的水產生低壓。水流得越快，產生的壓力越低。如果你想像有根水平置放的透明玻璃管，裡面有水流過，你只要垂直插入透明的毛細管然後觀察毛細管裡水位高度的變化，就可以測量水的壓力。如果水壓很高，毛細管裡的水位就會上升；如果水壓低，水位就會下降。

當白努利提高水平管中的水流速度時，他觀察到垂直毛細管裡的壓力下降，而這下降的壓力跟水流速度的平方成正比。因此，任何流動的水、或流體，其壓力都比靜止時來得低。相較於周圍的靜止空氣，水龍頭流出的水壓力比較低，因此被壓成較細的水流。

這個現象可應用在任何流體，從水到空氣皆可。

歷史大事年表

西元 1738 年

白努利發現流體速度增加會造成壓力降低。

西元 1896 年

發明非侵入性的技術來測量血壓。

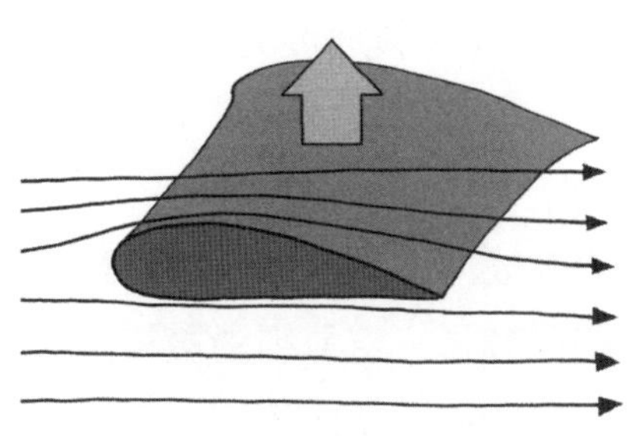

血流 受醫學訓練時，白努利深受通過人體的血液流動所吸引，因此他發明了能測量血壓的工具。有將近兩百年的時間，測量血壓的方法是直接將毛細管插入活體身上的血管。若是能找出較不侵入的方式來測量血壓，一定會讓人鬆一口氣吧。

就像是水管中的水，動脈中的血液從心臟被打出，順著依據血管長度而生的壓力梯度流動。如果動脈變窄，根據白努利方程式，血液流經阻塞物的速度就會提高。如果血管變窄一半，血液流經此處的速度會變成四倍快（二的平方）。通過受阻動脈的血流加快，可能會產生問題。首先，血流可能變得紊亂，如果速度夠快，還有可能產生漩渦。靠近心臟的擾流會產生心雜音，這是一種醫生可以辨別的特殊聲音。此外，變窄區域的壓力下降，可能使柔軟的動脈壁內縮，使得問題更加嚴重。如果以血管成形術擴張動脈，血流量將再次回升而解決所有問題。

白努利（1700～1782 年）

荷蘭物理學家白努利接受醫學訓練以完成父親的心願，不過實際上他比較喜歡數學。他的父親約翰（Johann Bernouli）是位數學家，但卻試圖勸阻兒子追尋他的腳步，而且終其職業生涯都在與自己的兒子競爭。白努利在巴塞爾（Basel）完成他的醫學學位，卻於 1724 年成為聖彼德斯堡（St Petersburg）的數學教授。在跟數學家歐拉（Leonhard Euler）一起研究流體時，他經由實驗發現速度和壓力的關連，而這項實驗最後被醫師採用，將管子插入動脈測量血壓。白努利理解到，流體的流動和壓力跟能量守恆有關，他指出，如果速度增加，壓力就會降低。白努利在 1733 年獲得一個職位、回到巴塞爾，然而約翰卻一直嫉妒兒子的成就。他不想跟兒子在同一個系，甚至禁止他進入家門。儘管如此，白努利還是將他的《流體動力學》（Hydrodynamica）一書獻給父親，這本書寫於 1734 年，但直到 1738 年才發表。然而，老白努利偷了兒子的點子，不久之後便出版了一本相似的書籍，名叫《水力學》（Hydraulics）。白努利對於這項剽竊感到相當難過，於是他返回醫學領域，終身以此為業。

西元 1903 年

萊特兄弟（Wright brothers）從白努利得到啓發而發明飛機機翼，並且試飛了第一架飛機。

> 不可能有比空氣重的飛行機器。除了氣球飛行以外，我對於在空中航行一點兒都沒有信心，也對於我們聽到的任何嘗試，不抱有一丁點好結果的期望。
>
> 凱爾文爵士，*1895* 年

升力 跟流體速度有關的壓力下降，則會造成另一種重大後果。飛機能飛，是因為急速經過機翼的空氣也會產生壓力下降。飛機機翼的形狀就是設計成上方的邊緣比下方彎曲。因為通過上方的路徑較長，空氣經過機翼上方表面時的速度較快，因此壓力就比下方來得小。壓力的差異，提供機翼升力而讓飛機飛行。不過，沉重的飛機必須運動得非常快，才能得到足夠的壓力差來提供讓飛機起飛的升力。

相似的效應，也可以解釋燃料如何通過化油器注入引擎。一個稱做文氏管（中央「腰部」較窄的寬管）的特殊噴嘴，藉由限制、然後釋放氣流產生低壓空氣將燃料吸起，由此將混合汽送到引擎。

守恆 白努利的理解，來自於思考如何將能量守恆定律應用在流體上。流體（包括液體和氣體）是種連續物質，會持續不斷地變形。不過，它們一定也遵循基本的守恆定律，不僅止於能量，還包括質量和動量。因為任何運動中的流體，本質上都會一直重新排列其中的原子，而這些原子必定遵循牛頓和其他人提出的運動定律。因此，在任何的流體敘述，原子都無法被創造或消滅，而是會四處移動。所以，一定要考慮它們彼此間的碰撞，當碰撞發生時，速度可由線動量守恆加以預測。

此外，其中所有粒子的能量總和一定固定，且只能在系統中移動。

這些物理定律，在今日被用來模擬各種流體行為，從天氣型態、海洋洋流、星系與星系中的氣體循環，到我們身體內的流體流動。天氣預測仰賴電腦以熱力學模擬許多原子一起運動，說明當原子運動以及局部改變濃度、溫度和壓力時，熱量有何變化。此外，壓力改變和速度有所關連，由此造成風往從高壓吹往低壓。同樣的概念，也用來模擬 2005 年摧殘美國海岸的卡崔娜（Katrina）颶風。

科學家那維爾（Claude-Louis Navier）和史托克（George Gabriel Stokes）提出的一系列進階程式將守恆定律具體化，此即為那維爾 - 史托克方程式（Navier-Stokes equation）。方程式說明了因組成分子間的作用力所造成的流體速度（流體的黏性）效應。這些方程式處理的是守恆而非進行絕對預測，它們追蹤流體粒子的平均改變和循環，而不是採用原子的總數。

流體動力學的那維爾 - 史托克方程式，雖然詳細到足以解釋許多複雜的系統，像是聖嬰現象和颶風等天氣現象，但卻無法描述特殊紊流，像是瀑布傾洩的水流和噴泉的流動。擾流（turbulence）是水受擾動而發生的隨機運動，特徵是漩渦和不穩定。當流動非常快速且變得不穩定時，就會開始出現擾流。因為擾流相當難以用數學描述，所以目前仍設有幾項重大獎金，希望鼓勵科學家想出新的方程式來解釋這些極端情況。

14 牛頓顏色理論

Newton's theory of colour

我們都對於彩虹的美麗感到驚嘆與好奇，而牛頓則是說明了彩虹如何形成。他發現白光穿過玻璃稜鏡會分散成彩虹色調，證明了顏色組成白光，而不是三稜鏡產生顏色。牛頓的顏色理論在當時備受爭議，但從那之後的歷代藝術家和科學家都深受這個理論影響。

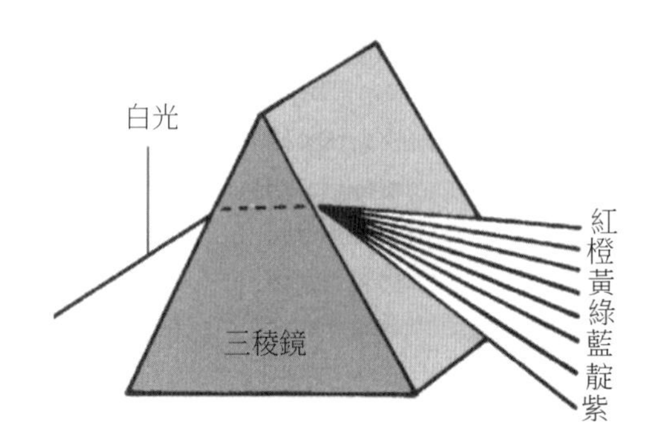

將一束白光射穿三稜鏡，顯現的光線會分散成彩虹的顏色。天空的彩虹也是以同樣的方式出現，陽光穿過水滴，分散成我們熟悉的色調光譜：紅、橙、黃、綠、藍、靛、紫。

混在一起　一六六〇年代，牛頓在家中進行了光和三稜鏡的實驗，展示了光的許多顏色可以被混在一起形成白光。這些顏色是基本單位，而不是過去以為的被後續混合、或由三稜鏡本身製造出來。牛頓分離出紅光和藍光，並且證明這些單一顏色即使穿過更多的三稜鏡，也無法再被進一步分開。

歷史大事年表

西元 1672 年
牛頓解釋了彩虹。

西元 1810 年
歌德發表關於顏色的論文。

> 自然與自然的定律，都隱藏在黑暗之中；上帝說：『讓牛頓來吧！』於是，一切都燦爛光明。
>
> 波普（*Alexander Pope*），*1727*年（牛頓的墓誌銘）

雖然現今我們對牛頓的顏色理論很熟悉，但在當時，這個理論還是充滿爭議。他的同行對此大聲抗議，堅持相信顏色是源自於白光和黑暗的組合，是陰影的一種。

牛頓最激烈的爭鬥對象，是在當代跟他齊名的虎克。這兩個人，有生之年都一直公開地激辯顏色理論。虎克相信，色光是一種印痕，就像是你透過有色玻璃就會看到顏色。他引述了許多日常生活中奇特色光效應的例子，以此支持他的主張，並且批評牛頓沒有進行更多的實驗。

牛頓也瞭解到，在明亮房間裡的物體會有顏色，是因為物體散射或反射那個顏色，而不是物體本質以某種方式帶有那個顏色。紅色沙發主要是反射紅光，而綠色桌子則是反射綠光。藍綠色的墊子是反射藍色和一點點黃色的光。其他顏色也都是源自於這些基本光的混合。

光波 對牛頓而言，瞭解顏色，是深入理解光學物理本身的一種方式。經過進一步的實驗，他推論出光的行為在許多方面就跟水波一樣。光繞過障礙的方式，就像是海浪遇上港口岸壁。光束也可以被加在一起以增加、或是消除亮度，就好像是水波相疊。牛頓相信，就跟水波是微小水分子的大規模運動一樣，光波是極細微的光粒子、或比原子更小的「微粒子」的終極波紋。然而牛頓不知道的是（直到一世紀後才發現），光波實際上是電磁波，也就是電場和磁場耦合的波。在發現光的電磁波行為後，牛頓的微粒子想法就被束之高閣。然而，當愛因斯坦證明光有時也會表現得像粒子束般、可以帶能量卻沒有質量，這個想法才又再度復活。

波的運動以許多種外觀形態呈現。基本有兩種類型：縱波與橫波。縱波（壓縮波）起因於產生波的脈衝與波的行進方向相同，這會造成一系列的高壓和低壓波峰。例如，鼓皮在空氣中振動製造的聲波就是縱波，馬陸（千

西元 1905 年

愛因斯坦證明光在某些情況下可以表現得像粒子。

色環

牛頓將彩虹從紅到藍的順序畫成一個圓形的色環，這樣就能展示顏色組合的方式。紅、黃、藍三原色間隔圍繞色環，若以不同的比例組合，就可以產生其他的所有顏色。互補色（例如藍色和橘色）位於彼此相對的位置。許多藝術家對牛頓的顏色理論開始產生興趣，特別是他提出的色環，因為這有助於他們描繪對比色調和照明效應。互補色的對比最高，或可說是最適用於繪製陰影。

足蟲）在向前爬行時，身體會一縮、一放地出現波紋，那也是縱波。另一方面，光波和水波則是屬於橫波，其中初始的干擾方向垂直於波的行進方向。如果你掃動軟彈簧的一端，縱波就會從這一端沿著彈簧傳播到另一端，而你手的動作則是跟波相垂直。同樣的，蛇的滑行也是橫波，利用身體左右移動來向前推動。水波也是橫波，因為個別的水分子是上下浮動，而波本身的行進則是水平往前。光波跟水波不同的是，其橫向運動是由於電場和磁場強度的改變，而電場和磁場的方向跟波的傳播方向相垂直。

光譜家族　不同顏色的光，是反射不同波長的電磁波。波長是連續兩波峰之間的距離。當白光穿過三稜鏡時，因為各個色調有不同的波長，所以會各自分開，因此被玻璃折射的程度也各不相同。三稜鏡使光波折彎的角度，會根據波長而有所不同，其中紅光折彎得最少而藍光最多，由此產生連續的彩虹顏色。可見光的光譜以波長順序顯現，從最長的紅色、經過綠色、到最短的藍色。

彩虹的兩端分別是什麼呢？可見光只是電磁波譜的一部份，但這部份對我們相當重要，因為我們的眼睛已發展出對這部份的波譜十分敏感。由於可見光的光波大約跟原子和分子的大小等級（千萬分之一公尺）差不多，所以光和物質中的原子有很強的交互作用。我們的眼睛已演化成可辨認可見光，因為可見光對原子結構相當敏感。牛頓對於眼睛的運作相當著迷，他甚至曾將一根縫衣針刺進自己的眼睛後方，試圖瞭解壓力如何影響對顏色的知覺。

比紅光更長的是紅外線，波長是幾百萬分之一公尺。紅外線光為地球帶來太陽的溫暖，也讓夜視搜尋用來「看見」物體的熱。波長又再更長的是微波（波長為幾公釐到幾公分），以及無線電波（波長為幾公尺以上）。微波爐利用微波電磁線使食物裡的水分子旋轉，以此加熱食物。在光譜的另一端，也就是比藍光更短的是紫外線光。太陽放射出的紫外線會傷害我們的皮膚，不過多數會被地球的臭氧層阻擋。至於更短的波長有 X 光，因為 X 光可以穿過人體組織，所以可作為醫療用途。而波長最短的，則是伽瑪射線。

發展　就在牛頓闡明光學物理的同時，哲學家和藝術家仍對於我們的顏色知覺相當感興趣。十九世紀，德國博學者歌德（Johann Wolfgang von Goethe）研究了人類的眼睛和心智如何解釋並排的顏色。歌德為牛頓的色環（參見上頁「色環」）加上紫紅色（magenta），並且注意到陰影通常是發光物體顏色相對的顏色，因此紅色物體的陰影是藍色。歌德更新過的色環，至今仍是藝術家和設計者的參考選項。

15 惠更斯原理
Huygens' principle

如果你將石頭丟進池塘，會產生向外擴散的圓形波紋。爲什麼會擴散呢？如果波紋遇上了樹墩這類的障礙，或是從池塘邊緣反射回去，你預測它的行爲又是什麼呢？惠更斯原理就是用來解決波如何流動的方法，作法是想像波前上每一點都是新的波源。

荷蘭物理學家克里斯蒂安 ・ 惠更斯（Christiaan Huygens）設計了一種可以預測波的行進的實際方法。若是你將一個小石子擲入湖中，你就會看到一圈圈的波紋。如果你想像把那時的圓形波紋給凍結住，那麼圓形波紋上的每一個點都可以被想成是新的波源，而這些新波源產生的波，跟原先凍結的波有相同的性質。就好像是有跟先前凍結的那圈波紋一樣大小的一圈石頭，同時一起掉進水裡，這次的擾動會使波紋進一步擴大，而新的軌跡則標示了下一組波動能量散播的起始點。多次重複這個原理，就可以追蹤波的進展。

一步接一步　波前（wavefront）上每一點的表現，都像是能產生相同頻率和相位（phase）之波動能量的新波源，這個想法就稱做為惠更斯原理。波的頻率，是指在一段期間內出現的波動週期數量，而波的相位則是界定出在週期裡的位置。舉例而言，所有的波峰都有相同的相位，而所有的波谷都跟波峰有一半週期的距離。想像一下海裡的波浪，兩個浪頭的距離（亦即為波長）可能是一百公尺。

歷史大事年表

西元 1655 年
惠更斯發現泰坦星。

西元 1678 年
惠更斯發表光的波動理論論文。

惠更斯（1629～1695 年）

身為荷蘭外交官之子的惠更斯，是位貴族出身的物理學家，他在十七世紀廣泛地與歐洲各地的科學家和哲學家合作，其中包括相當知名的牛頓、虎克以及笛卡兒（Descartes）。惠更斯的第一篇論文發表是關於數學問題，不過他也研究土星。他是位實用科學家，申請了首座鐘擺鐘的專利，並且嘗試設計可用於海上估算經度的航海鐘。惠更斯遊遍整個歐洲，特別是巴黎和倫敦，會見著名的科學家並與他們一同研究鐘擺、圓周運動、動力學和光學。雖然他跟牛頓一起研究離心力，但他認為牛頓的萬有引力定律及其在遠處作用的概念很「荒謬」。1678 年，惠更斯發表了關於光的波動理論的論文。

海浪的頻率（或說在一秒內經過某個點的波長數目），可能是六十秒有一個一百公尺長的浪，或是一個週期為一分鐘。最快的海浪是海嘯，可高達一小時八百公里，幾乎是噴射機的速度，當海嘯觸及海岸時，會下降到每小時幾十公里，高高湧起並淹沒海岸。

在波遇到障礙和穿越其他波的路徑時重複應用惠更斯原理，就可以畫出波的行進。如果你在一張紙上畫出一個波前的位置，接著利用圓規沿著波前的許多點畫半徑相同的圓，然後將圓圈外緣頂點以平滑曲線相連，如此就可以描繪出下一個波的位置。

惠更斯可用簡單的方法，描述各種情況下的波。線性波在傳播時還是保持直線，因為沿著線性波的長度所產生的圓形子波，加總之後所形成的還是線性的波前。

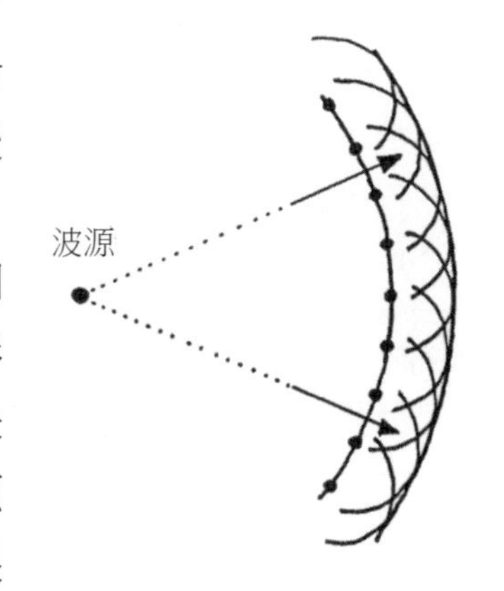

然而，如果你看到的是穿過港口岸壁小開口的一組平行海浪，在它們穿過缺口時會變形成弧形。只有非常短的直線波浪通過，而在未受影響的剩餘處邊緣形成弧形，根據惠更斯原理，在此處會生成新的圓形波紋。如果缺口跟

西元 1873 年
馬克士威爾方程式顯示光是電磁波。

西元 2005 年
惠更斯探測器降落在泰坦星。

波間的距離相比算小，圓形外緣會反客為主讓傳播的波看來幾乎像是半圓形。這種波動能量擴散到缺口另一端的現象，稱之為繞射（diffraction）。

2004 年，由於大地震而在蘇門答臘外海生成的劇烈海嘯，急速穿過整個印度洋。海嘯的力量在某些地方受到削減，因為波動能量在行經大大小小的島嶼時，會以繞射向外擴散。

耳聽為憑？ 惠更斯原理也說明了為什麼你在另一個房間大喊某人，那人聽到的聲音就好像是你站在門口，而不是在隔壁房間的某處。根據惠更斯原理，當聲波抵達門口時，就像是到了岸壁開口，一組新的點狀波源會在那裡生成。因此，聽者所知道的只有在門口產生的聲波，而先前在另一個房間的聲波則已遺失。

同樣的，如果你看到圓形波紋碰到池塘邊緣，波紋的反射會產生反向的圓形波紋。第一個到達邊緣的波點，其表現就像新的波源，開始傳播反向的新圓形波紋。因此，利用惠更斯原理也可說明波的反射。

如果海浪行進到較淺的水域，例如接近岸邊，速度會改變而波前會朝淺水處向內折彎。

每當有人堅持自己的理想……就會有微小的希望漣漪盪漾開來，若千萬個不同中心的能量與勇氣彼此匯聚，這些漣漪就能形成足以擊倒最強大的壓制和阻抗之牆的洪流。

羅伯特．甘迺迪（*Robert Kennedy*），*1966* 年

泰坦星上的惠更斯

2005 年 1 月 14 日，惠更斯太空探測器在經過七年的旅程，終於降落在泰坦星（Titan，又名土衛六）的表面。惠更斯探測器內部建備幾公尺厚的保護外殼，在通過大氣降落到冰凍平原的過程中，進行了一系列的實驗，測量風、氣壓、溫度以及表面組成。泰坦星是個奇異的世界，大氣和地表都充滿液態的甲烷。有人認為，這個地方可以孕育原始生命型態，像是嗜甲烷細菌。惠更斯探測器是第一座降落在外太陽系星體上的太空探測器。

惠更斯是以子波的半徑改變描述這種「折射」(refraction)，較慢的波產生較小的子波。慢速子波無法傳導得跟快速子波一樣遠，所以新的波前就跟原始波前形成一個角度。

惠更斯原理的一項不切實際預測是，如果所有這些新的子波都是波源，那它們應該不但會生成向前的波、也會產生向後的波。既然如此，為什麼波只能向前傳播呢？惠更斯對此沒有解答，只是簡單假定波動能量會向外傳播而忽略了向後的運動。因此，惠更斯原理實際上只在預測波的演進方面是個有用的工具，然而還不是個具備全面解釋性的定律。

土星環 惠更斯不只是對波紋好奇，他還發現了土星環。他首次證明了行星被扁平盤狀物環繞，而不是有其他的衛星經過或赤道隆起。他推斷，解釋衛星運行軌道的物理學 —— 牛頓萬有引力，同樣可應用在許多以環狀運行的較小星體。1655 年，惠更斯也發現了土星的最大衛星：泰坦星（土衛六）。在整整 350 年後，一艘名叫卡西尼（Cassini）的太空船帶著一個以惠更斯為名的小型探測器抵達泰坦星，這個探測器穿過泰坦星的大氣雲層，降落到被冰凍甲烷覆蓋的星球表面。泰坦星有陸地、沙丘、湖泊，或許還有河流，其組成是固態和液態的甲烷和乙烷，而不是水。惠更斯若是知道有艘以他為名的太空船有天能旅行到這麼遙遠的星球，一定會感到相當訝異。不過以他為名的原理，還是可以用來模擬在泰坦星上發現的外星波。

【重點概念】 波動向前

16 司乃耳定律

Snell's law

為什麼玻璃水杯裡的吸管看起來是彎的？這是因為光的行進速度在空氣中和水中不同，因而導致光線變彎。描述這種光線折彎的司乃耳定律，解釋了為什麼在炎熱的道路上會出現海市蜃樓，以及為什麼游泳池裡的人腿看起來好像比較短。這個定律，在今日被用來協助創造肉眼看不到的智能材料。

你是否曾竊笑地看著站在清澈游泳池水中的朋友，因為他的腿在水裡看起來比實際的短？你是否曾好奇，為什麼吸管在玻璃杯裡看起來是彎的？司乃耳定律可以為你提供這些問題的解答。

當光線穿過兩種不同物質（例如水和空氣）的邊界時，行進的速度會有所改變，因而光線會折彎。這個現象稱之為折射。司乃耳定律描述在了不同物質間轉換會出現多大程度的折彎，這個定律是以十七世紀的荷蘭數學家威理博．司乃耳（Willebrord Snellius）為名，不過他自己卻從來沒有真正發表過這個定律。這個定律有時也被稱為司乃耳-笛卡兒定律（Snell-Descartes's Law），因為笛卡兒（Rene Descartes）在 1637 年發表證據證明此項定律。過去就已經知道光有這種行為，因為早在十世紀就曾在文獻中出現，不過直到幾世紀後才被正式發表。

光在密度較大的物質（例如水或玻璃）中，行進的速度比在空氣中較慢。因此太陽光線穿過游泳池的水，會在觸及水面時朝向池底折彎。因為我

歷史大事年表

西元 984 年

沙爾（Ibn Sahl）撰寫關於折射與透鏡。

西元 1621 年

司乃耳提出他的折射定率。

糖份

折射率在釀製葡萄酒以及製作果汁方面，也是很有用的工具。釀酒的人利用折射式糖度計，在葡萄汁變成酒之前測量裡面的糖份濃度。糖份溶解會提高果汁的折射率，而溶解的糖也能顯示這個酒精濃度將會有多少。

們看到的反射光線是以較淺的角度反向折彎，但我們假設光線還是直接朝我們而來，所以站在水池中的人，腿就會看起來被壓短了。

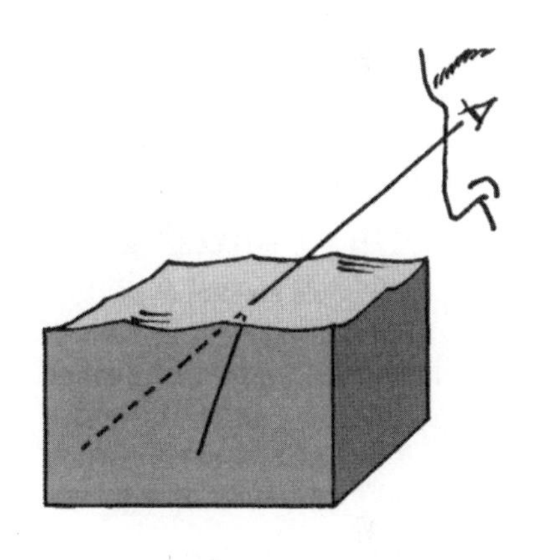

炎熱道路上的海市蜃樓，也是以相似的方式形成。因為來自天上的光線，在進入太陽烤過的柏油路正上方的熱空氣層時，速度會有所改變，所以光線就會折彎略過路面。熱空氣的密度比冷空氣小，所以光線會偏離垂直方向，因而我們就看到空中反射出柏油路面碎石，看起來好像是濕濕的鵝卵石。

光線折彎的角度，跟行經兩種物質的相對速度有關，技術上來說，速度比等於入射角（入射光線與法線（譯註：與平面垂直之線）的夾角）的正弦值比。因此，光線若是從空氣進入水和其他密度較大的物質，便會向法線折彎，而路徑角度也變得比較陡。

折射率　光線在真空的速度，是驚人的每秒三億公尺。光線在密度較大的物質中（如玻璃）與在真空中的速度比，稱之為物質的折射率。根據定義，真空中的折射率是 1，而折射率為 2 的物質，即為光在其中傳播的速度為在真空中的一半。高折射率表示光在通過該物質時，折彎的程度很大。

西元 1637 年
笛卡兒發表相似的定律。

西元 1703 年
惠更斯發表司乃耳定律。

西元 1990 年
開發出超材料。

激起聲浪

游泳池是英國藝術家霍克尼（David Hockney）最喜歡的主題之一。他很喜歡在加州的家裡一邊做著日光浴、一邊畫著身體滑進水裡的視覺效果。2001 年，霍克尼在藝術界裡引起一陣騷動，因為他提出，早在十五世紀，一些知名的藝術家就使用透鏡來創作。簡單的視覺儀器可將景象投射在油畫布上，讓藝術家能夠臨摹和描繪。霍克尼是在觀看古典大師包括安格爾（Ingres）和卡拉瓦喬（Caravaggio）的作品時，發現了提示性的幾何圖形。

折射率是物質本身的性質。我們可以設計具備特定折射率的物質，以做為特殊使用，例如設計玻璃透鏡來矯正視力問題。透鏡和三稜鏡的放大率，根據的就是它們的折射率，高倍數的透鏡有較高的折射率。

不只是光，任何波都會發生折射。海浪在水深變淺時會變慢，這也是折射率的改變。因為如此，水波在接近淺灘時，角度會朝向海灘折彎，這也是為什麼浪花總是平行地撞上海岸。

全內反射　有時，如果光線穿過玻璃在到達與空氣交接的邊界時角度太小，會從介面反射回去而不是繼續前進。這個現象稱為全內反射，因為所有的光都還在玻璃裡面。發生這種現象的臨界角大小，也取決於兩種物質的相對折射率。波只有從高折射率的物質行進到低折射率的物質時，例如從玻璃到空氣，才會發生全內反射。

費馬最少時間原理　司乃耳定律是費馬最少時間原理的結果，這個原理說明光在通過任何物質時，都是採最短路徑。因此，光在通過折射率各不相同的一堆物質時要選出路徑，會選擇最快的一條，偏愛低折射率的物質。本質上這就是定義光束的一種方法，由惠更斯原理可推演出，行經最快路徑的光會彼此增強而形成一束，反之，以隨機方向行進的光會相互抵銷。數學家費馬（Pierre Fermat）在十七世紀提出這項原理，而當時光學的研究正屬於顛峰時期。

費馬（1601～1665年）

當代最偉大的數學家之一 —— 費馬曾在圖盧茲（Toulouse）擔任律師，而在閒暇時間研究數學。經過與巴黎知名數學家的信件往來後，費馬也漸漸受到矚目，但他還是努力想發表一些東西。他跟笛卡兒爭論關於不同的折射理論，認為笛卡兒是「在陰暗中摸索」。笛卡兒非常生氣，但費馬證明了自己是對的。之後費馬將自己的研究具體寫成費馬最少時間原理，概念是光會遵循最短路徑。費馬的研究，因為法國的內戰和瘟疫爆發而中斷。儘管有謠言說他死於瘟疫，但他還是繼續在進行數論（Number Theory）的研究。他最廣為人知的是費馬最後定理（Fermat's last theorem），內容論述兩個立方數的總和不可能是立方數（更高次方也是如此）。費馬在一本書的書頁留白處寫道：「我發現了（這個定理）真正值得注意的證明，但因為留白處太小所以寫不下。」費馬沒有寫出的證明，困擾了數學家們三個世紀，直到1994年，英國的數學家懷爾斯（Andrew Wiles）才終於證明出來。

超材料　現今的物理學家們正在設計一種新型的特殊材料，稱之為超材料。這種材料在受光或其他電磁波照射時，表現的方式相當不尋常。精密設計製造的超材料，光照之下的外觀是由物理結構、而非化學性質決定。

蛋白石是天然的超材料，其晶格結構會影響光如何從表面反射與折射，因而產生不同顏色的閃光。

一九九〇年代後期，具有負折射率的超材料被設計出來，亦即光能在介面處往相反方向折彎。如果你的朋友站在折射率為負的液體水池中，你看到的就不是他變短的正面的腿，而是會看到腿的背面。具有負折射率的物質，可用來製作「超級透鏡」，以形成比可能的最佳玻璃還更清楚的影像。2006年，物理學家成功地製造出超材料「隱形設備」，而這項設備在微波範圍內完全都無法被看到。

17 布拉格定律

Bragg's law

DNA 雙股螺旋結構會被發現，就是因爲使用了布拉格定律。這個定律解釋行經有序固體的波，如何彼此增強以產生某種圖樣的亮點，而這些亮點的間隔，取決於固體中原子或分子之間的正規距離。藉由測量出現的亮點圖樣，就可以推論出晶體物質的結構。

如果你坐在一個有光的房間，把手伸向牆壁，你會看到在手的後方有個清晰的剪影。你的手離牆壁越遠，牆上的影子輪廓就會變得越模糊。這是因為光繞射過你的手。光線在經過你的手指時會向內分散，使得手指的輪廓變得模糊。所有波的行為都像是如此。水波繞射過港口岸壁的邊緣，而聲波則蜿蜒伸展到音樂會舞台的邊緣後方。

繞射現象可以用惠更斯原理來說明，這個原理可根據波前各點作為新波動能量的波源，來預測波的路徑。每一個點都會產生一個圓形波，把這些波加在一起，就能描述波如何向前行進。當一連串的平行波通過障礙（例如你的手）或穿過洞孔（例如港口或門口）時，就會發生這個現象。

X 光晶體繞射學　澳洲物理學家威廉・勞倫斯・布拉格（William Lawrence Bragg）發現波在穿過晶體時，也會出現繞射。晶體的組成，是由許多原子以整齊的晶格結構相疊，有著規律的行與列。

歷史大事年表

西元 1895 年

侖琴發現 X 光。

西元 1912 年

布拉格發現布拉格繞射定律。

布拉格（1890～1971年）

布拉格出生於澳洲的阿德雷德（Adelaide），他的父親威廉・亨利・布拉格（William Henry Bragg）在此處擔任數學和物理教授。當小布拉格從腳踏車上跌落而摔斷手臂時，他成了第一個使用醫療X光的澳洲人。布拉格研讀物理學，畢業後便追尋父親的腳步到了英國。他在劍橋的時候，發現了關於X光繞射晶體的定律。他與父親討論這個想法，但許多人都以為這是由他父親發現，讓他不甚愉快。第一次和第二次大戰期間，布拉格加入軍隊，並且開始研究聲納。後來，他回到劍橋，創立了許多小型的研究團體。在他職業生涯的後期，成為一位大受歡迎的科學傳播者，他在倫敦皇家學院為學童舉辦演講，而且經常在電視上出現。

當布拉格將X光照射穿過晶體投射到螢幕上時，光線會從原子列散開。出來的光線會在特定的方向堆疊起來，逐漸形成一個亮點圖樣。使用不同類型的晶體，就會出現不同的點狀圖樣。

若要看到這個效應，就需要用到德國物理學家侖琴（Rontgen）在1895年發現的X光，因為X光的波長非常短，不到可見光的千分之一，比晶體中的原子間隔還小。因此，X光的波長短到足以穿過晶體層，而且出現強大的繞射現象。

> 在科學上，獲取新知固然重要，但更重要的是找出新的方法來思考它們。
>
> 威廉・勞倫斯・布拉格爵士，*1968*

當X光線穿越晶體內部時，若光的信號彼此「同相」，就會產生最亮的X光點。波峰和波谷相對齊的同相波，可以加在一起增強亮度並產生亮點。

若是當「反相」時，也就是彼此間的波峰、波谷沒有對齊，就會相互抵銷而沒有光出現。因此，你看到的亮點圖樣，其間隔可以讓你知道晶體的原子列之間的距離。這個波的增強和抵銷的效應，被稱之為「干涉」（interference）。

西元1953年

X光晶體繞射學被用來找到DNA的結構。

DNA 雙股螺旋

一九五〇年代，研究者都在苦心思索生命的基本單位——DNA 的結構。英國物理學家華生（Jim Watson）和克里克（Francis Crick）在 1953 年發表了 DNA 的雙股螺旋結構，這是個相當重大的突破。他們相當感謝倫敦國王學院（King's College London）的研究者魏金斯（Maurice Wilkins）和富蘭克林（Rosalind Franklin）給他們的靈感，這兩位研究者，就是用布拉格定律做出了 DNA 的 X 光晶體繞射照片。富蘭克林做出的照片，相當清楚地顯示出一系列干涉亮點，也就是這些亮點，讓 DNA 的結構終於被發現。克里克、華生和魏金斯因其研究而獲頒諾貝爾獎，但富蘭克林卻因為英年早逝而沒有獲獎。有些人認為，富蘭克林在其中扮演的角色被太過輕描淡寫，這或許是因為當時的性別歧視態度。而富蘭克林的研究結果，也有可能是在她不知情的情況下被洩漏給華生和克里克。不過，她的貢獻，後來終於受到肯定。

布拉格將這個現象以數學式表示，他考慮兩個波，一個反射自晶體表面、另一個只穿過晶體內部的一層原子。如果第二個波要與第一個波同相而增強第一個波，第二個波必需行經額外的距離，而這段距

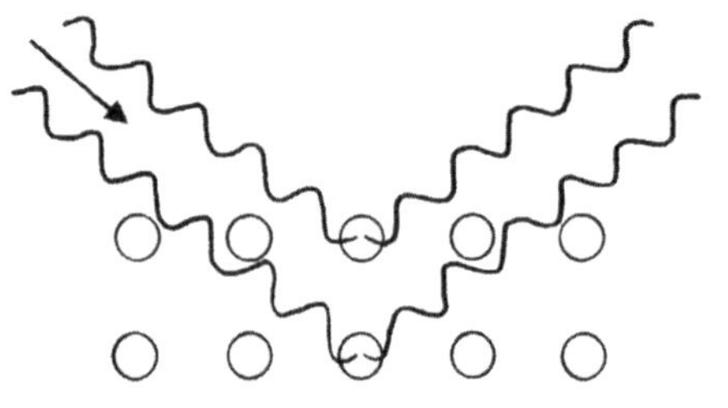

侖琴（1845～1923 年）

侖琴生於德國的下萊茵河（Lower Rhine），孩提時代就搬到荷蘭。他在烏特勒支（Utrecht）和蘇黎世（Zurich）攻讀物理學，在獲得維爾茲堡大學（University of Wurzburg）、而後是慕尼黑大學（University of Munich）的主要教職之前，也曾在許多大學工作過。侖琴的研究集中在熱學和電磁學，不過他最知名的事蹟是在 1895 年發現了 X 光。當電流通過低壓氣體時，即使實驗在完全的黑暗中進行，但他還是看到有化學塗料的螢幕發出螢光。這些新的光線能穿過許多物質，包括他太太放在照相底片前面的手的肌肉。他將這種光線稱為 X 光，因為起源不明。之後，有人發現這跟光一樣是電磁波，只不過 X 光的頻率高了很多。

離是第一個波長的整數倍。這段額外距離的長度，取決於光線射入的角度與原子層之間的間隔。布拉格定律說明觀察到的干涉與晶體間隔，兩者在特定的波長下有何相關。

深層結構 化學家和生物家在研究分子構造時，廣泛地使用 X 光晶體繞射學來判定新物質的結構。

1953 年，X 光晶體繞射被用來鑑定 DNA 的雙股螺旋結構。華生和克里克從探究富蘭克林所做的 DNA 的 X 光干涉圖樣，得到這個著名的想法，由此瞭解 DNA 的分子結構一定是以雙股螺旋的方式排列。

X 光的發現以及晶體繞射學技術的出現，讓物理學家首次有工具可以看進物質、甚至是人體內部的深層結構。今日使用的許多醫療造影技術，所依據的也是相似的物理學。電腦斷層掃瞄（CT）就是把好幾張人體切片的 X 光，重新組成實際的人體內部圖片；超音波是以高頻回音將體內的器官顯現出來；核磁共振造影（MRI）利用強力磁場，掃瞄整個人體組織的水分，辨別出體內分子組成；而正子斷層造影（PET）則是在流經整個身體時進行放射線追蹤。因此，現代的醫生和病人都相當感謝像布拉格這樣，能發展出這些器具的物理學家。

以數學式表示布拉格定律

$2d \sin \theta = n \lambda$

d 是原子層之間的距離，

θ 是光的入射角，

n 是整數，

而 λ 是光的波長。

18 夫琅禾費繞射

Fraunhofer diffraction

爲什麼你永遠無法拍到最完美的相片？爲什麼我們的視力不夠完美？就算是最細小的光點在通過眼睛或相機光圈時，都會因爲光被抹掉而變模糊。夫琅禾費繞射就是在說明遠處風景在我們看來會變得模糊的現象。

當你看著海平面上的遠方船隻時，應該不太可能看得到船的名字。你用望遠鏡可以看到，也可以把照片放大，不過為什麼我們眼睛的解析度這麼有限呢？原因出在眼睛瞳孔的大小（也就是眼睛的孔徑）。瞳孔需要張到夠大，才能讓足夠的光線進入，觸發眼睛的感測器，但是開得越大、進入的光波就會越模糊。

通過水晶體進入眼睛的光波，可由四面八方而來。孔徑越大，就有更多方向的光線可能進入眼睛。就像是布拉格繞射所描述的，不同的光徑，會根據彼此的相位是否對齊而出現干涉。多數的光是以同相直接進入，因此會形成清楚明亮的中心點。但是當鄰近的光相互抵銷時，亮點的寬度就會縮減，邊緣會出現連續的明暗交替條紋。而中心點的寬度，就是我們的眼睛可以看到的最清楚細節。

遠場 夫琅禾費繞射是以德國頂尖的鏡片製造者約瑟夫・馮・夫琅禾費（Joseph von Fraunhofer）命名，描述進入孔徑或透鏡的平行光線在抵達時，我們所看到的模糊影像。

歷史大事年表

西元 1801 年
楊進行雙狹縫實驗。

西元 1814 年
夫琅禾費發明了分光鏡。

夫琅禾費繞射也稱為遠場繞射（far-field diffraction），當遠方的光源（例如太陽或星星）通過我們的透鏡時發生。這個透鏡可能是在我們的眼睛裡或在相機裡，或者是在望遠鏡裡。就像是我們的視力有所侷限，任何的攝影技巧都會因為繞射效應，而讓最終的成像變得模糊。因此，一旦影像經過任何光學系統，能有多大的清晰度都有自然的限度，這就是「繞射極限」。這個極限與光的波長成正比，而且跟孔徑或透鏡的大小成反比。因此，藍色的影像看起來會比紅色的清楚一點，而孔徑或透鏡比較大時拍的影像會比較不模糊。

繞射　就好像你手的陰影邊緣由於附近光的繞射而模糊一樣，光在通過狹窄的洞或孔徑時會散開。與直覺相反的是，孔徑越狹窄，光散得越多。由孔徑中出現的光，投射到螢幕上會產生一個中心最亮點，周圍有明暗條紋（或干涉條紋）包圍，亮度由中央向外遞減。多數的光線會直接通過並彼此增強，但傾斜穿入的光會相互干涉，產生明或暗的條紋。

洞越小，條紋間的間隔就越大，因為光的路徑受到的限制越多，因而條紋也更相似。如果你拿兩片薄薄的紗布（像是絲質圍巾）對著光，調整兩條圍巾的相對位置，在線的重疊之處會有相似的明暗條紋出現。如果將一片紗布放在另一片上方旋轉，你的眼睛會看到一連串明與亮的區域在紗布上移動。這些因為格子重疊而出現的干涉圖案，也稱做「莫爾條紋」（moiré fringes）。

當孔徑或透鏡是圓形的時候（例如我們的瞳孔以及常見的相機光學），中心點和周圍的條紋會形成一連串稱之為「愛里環」（或愛里盤）的條紋，這是以十九世紀的蘇格蘭物理學家愛里（George Airy）命名。

近場　夫琅禾費繞射很常見，但如果光源跟孔徑平面很接近，有時會有不同的圖樣出現。入射的光線不是平行，且抵達孔徑的波前是弧形而不是直線。這樣的情況下，出現的繞射圖樣就有所不同，其中的條紋不再具有規律的間隔。連續抵達的波前，呈現的形式是一組同心的曲線表面，就像是洋蔥的層

西元 1822 年

菲涅爾透鏡第一次被用於燈塔。

次，層次間的寬度為一個波長，而光源位在中央。當這些圓形的波前到達孔徑平面時，孔徑像是刀子從中間切開一層層洋蔥一般切開這些波前。穿過孔徑時會看來像是一組圓環，每個環都代表一個區域，其中通過的波彼此相距不超過一個波長。

為了了解這些弧形光線如何彼此混合，你可以把孔徑上所有圓環的光線都加總起來。如果是平面光線，它們在一個平面螢幕上會呈現連續的明暗條紋，但間距不再有規律，而是離中心越遠、間距越窄。這個現象稱之為菲涅爾繞射（Fresnel diffraction），這是以十九世紀證實此一現象的法國科學家菲涅爾（Augustin Fresnel）為名。

菲涅爾也瞭解到，藉由修訂孔徑，可以改變通過的相位為何，而且也可以改變最終的圖樣。他利用這個想法發明了新型的透鏡，這種透鏡會只讓同相的波通過。這麼做的一

夫琅禾費繞射

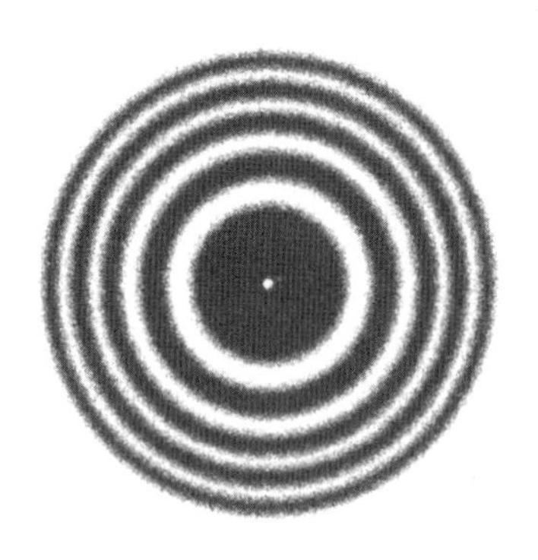
菲涅爾繞射

楊的雙狹縫實驗

托馬斯．楊在他 1801 年著名的實驗中，似乎決定性地證實了光是波。當繞射的光穿過兩個狹縫，他不只是看到兩個繞射圖的重疊，也看到額外的條紋，這是因為穿過狹縫的光相互干涉。光線再次干涉會產生明暗條紋，但條紋的間隔大小與狹縫距離成反比。因此，相對於原始較寬的單一孔徑繞射，這會產生複合的精細條紋。平行的狹縫越多，二次干涉的圖形會越清晰。

種方法是刪去一系列完全與此狀態吻合的環，也就是刪去所有通過孔徑的負波谷，如此一來只有正波峰會通過，這樣就不容易有任何干涉。另一種方法是，你可以藉由移動半個波長來轉移波谷，然後再傳播，這樣也能讓這些波跟未限制的波再次同相。在適合的位置插入厚玻璃環，可以減慢特定相位的光而改變波長。

菲涅爾自己利用這個概念，發展出用於燈塔的透鏡，第一片這樣的透鏡於 1822 年在法國安裝。想像一下，要把一對眼鏡鏡片放大到用於五十英尺高的燈塔所需的尺寸。菲涅爾的選擇是一系列大卻相當薄的玻璃環，每個環的重量只有單一個凸透鏡的幾分之一。

菲涅爾透鏡也用於車頭燈的聚焦，有時也會在車子的後車窗黏上薄薄的透明塑膠蝕刻板來協助倒車。

光柵　夫琅禾費建造了第一個繞射光柵，使得他對於干涉的研究更為廣泛。光柵有全系列的孔徑，就像是有許多排平行的狹縫。夫琅禾費是用排成一列的金屬線做成光柵。繞射光柵不只是讓光傳播，因為有多重狹縫，所以能更進一步加總干涉特性來傳送光。

因為光會繞射和干涉，它在所有情況下的表現就好像是波。然而，並非永遠都是如此。愛因斯坦和其他科學家證實，有時如果以正確的方法觀察，你會發現光的表現不只像是波，也會像是粒子。量子力學就是由這種觀察得來。令人驚訝的是，誠如我們後續所見，在雙狹縫實驗的量子版本中，光知道是否要表現得像是波、或像是粒子，而且會因為我們正在觀察而改變特性。

【重點概念】　干涉光波

19 都卜勒效應

Doppler effect

我們都曾聽過救護車在快速經過時，警報聲的音高會由高變低。聲源朝你而來的音波，在到達你的耳朵時，這些音波會擠在一起，因此聽起來的頻率比較高。同樣的，聲源如果離你越來越遠，音波會散開而且也需要花較長的時間才會來到你的耳朵，所以頻率就會下降。這就是都卜勒效應，常被用來測量車速、血流，以及宇宙中星星和星系的運動。

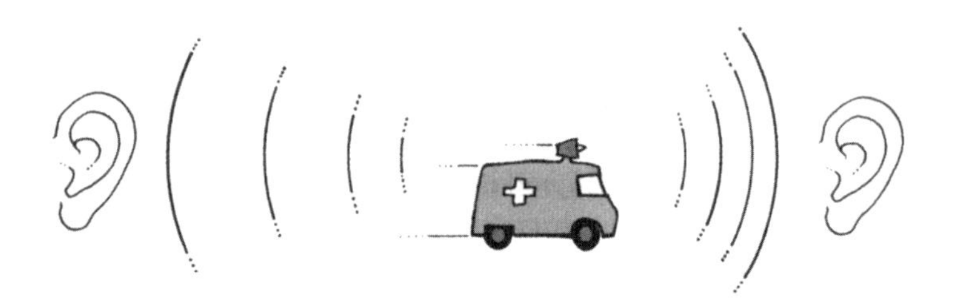

當路上的救護車高速經過你的身邊時，你聽到的警報聲音高會有所變化，在接近時比較高而在離去時變低。這種音調的改變就是都卜勒效應，是由奧地利的數學家和天文學家克里斯提昂．都卜勒（Christian Doppler）於 1842 年提出。音調提高，是由於發出聲音的汽車跟你（也就是觀察者）之間的相對運動關係。隨著汽車接近，聲波會堆疊起來，各個波前間的距離被擠壓而聽起來音調較高。當汽車開走時，波前到你耳朵的時間就會越來越久，因此間距變長而音調變低。聲波是壓縮空氣的脈衝。

歷史大事年表

西元 1842 年

都卜勒發表關於星光色彩偏移的論文。

西元 1912 年

斯里佛測量星系的紅移。

都卜勒（1803～1853 年）

都卜勒出生在奧地利（Austria）薩爾斯堡（Salzburg）的一個石匠家庭。他因為太過虛弱而無法繼承家業，於是便前往維也納（Vienna）上大學，主修數學以及哲學和天文學。在找到布拉格（Prague）的大學職位之前，都卜勒曾做過簿記員，甚至曾考慮要移民美國。儘管被升為教授，都卜勒對於自己的教職之路還是相當猶豫，而且他的健康狀況也不甚理想。他的一位朋友曾寫道：「很難相信奧地利會出現這麼一位如此天才洋溢的人。我曾寫信給許多人，希望他們能為了科學而拯救都卜勒，不要讓他死於過度的負擔。不幸的是，事情恐怕變得更糟。」都卜勒最終離開了布拉格，搬回維也納。

1842 年，他發表一篇論文，說明恆星的光的色移，也就是我們現在所知的都卜勒效應。

「幾乎可以確定，在不久的將來，對於那些直到此刻還很難看到測量和判定希望的恆星，那些因為距我們太過遙遠導致星位角太小而無法測得的恆星，天文學家將得到一個大受歡迎的方法來斷定它們的運行和距離。」

儘管都卜勒被視為想像力充沛，但其他的著名科學家對他的接受度還是評價不一。毀謗他的人質疑都卜勒的數學能力，然而他的朋友則認為都卜勒有相當高的科學創造力和洞察力。

來與往 想像一下，如果有人在移動的平台或火車上，以三秒鐘丟一顆球的頻率持續地向你丟球，而且時間控制得相當準確。如果他們正朝向你而來，那各顆球碰到你的時間間隔會少於三秒鐘，因為每次往你丟的時候都比前一個更靠近你一點。

因此對接球者而言，球來的速率似乎會快一些。同樣的，當平台遠離時，球抵達的時間就會變長，每顆球走的距離都比前一個遠一點，因此抵達的頻率就會變慢。如果你可以用自己的手錶來測量時間的變化，那麼你就能夠算出丟球者的移動速度。

或許當遙遠星球上的其他人接收到我們發出的某些波長時，他們聽到的只是連續不斷的尖叫聲。

梅鐸（*Iris Murdoch*），*1919*～*1999* 年

西元 1992 年

首次以都卜勒法偵測到外太陽系行星。

外太陽系行星

目前已發現，繞著太陽以外的其他恆星運行的行星有兩百多個。多數是類似木星的氣體巨行星，而運行軌道比較接近它們的中央恆星。不過也已發現有幾個是大小跟地球差不多、可能由岩石構成的行星。大約十個恆星中有一個具有行星，其中某些行星可能甚至有生命存在。多數行星會被發現，主要是由於觀察它們跟自己所屬恆星的引力拖曳而得。相較於繞行的恆星，行星可說是相當微小，因此很難抗拒恆星的強光而看到它們。然而行星的質量會讓恆星有一點點擺動，這樣的擺動可因為恆星光譜的特徵頻率產生都卜勒頻移而被觀察到。

1992 年偵測到第一個環繞脈衝星的外太陽系行星，而第一個一般恆星的行星則是在 1995 年被偵測到。如今，偵測行星已成為例行程序，但天文學家們仍在尋找類地球的太陽系，試圖解答為何會發生行星方位有所不同。科學家們期望新的天文台，亦即 2006 年歐洲的望遠鏡 COROT 以及 2008 年美國太空總署（NASA）的克卜勒望遠鏡（Kepler），能在不久的未來找到許多類地球的行星。

都卜勒效應可應用在任何相對的移動物體。如果在火車內移動的人是你、而丟球的人站在平台上停止不動，也會有同樣的效果。許多方面都可應用都卜勒效應，作為測量速率的方式。醫療方面，可用於測量血流，另外也可以用在路邊的雷達裝置來抓超速駕駛。

太空中的運動　都卜勒效應也常出現在天文學中，以期找出任何地方是否有移動的東西。例如，由繞著遙遠恆星運行的行星所發出的光會出現都卜勒頻移（Doppler shift）。當行星朝著我們運行時，頻率會升高，而當行星轉走時，光的頻率就會下降。走近行星所發的光稱為「藍移」（blue-shift）；當行星遠離就會有「紅移」（red-shift）。

自一九九〇年代起，就用這種方法找到了數百顆環繞遠方恆星的行星。

紅移出現不只是因為行星的繞行軌道運動，也是因為宇宙本身的膨脹，這種情況稱之為宇宙紅移。如果太陽系與一個遙遠星系之間的空間距離，隨著宇宙本身的穩定膨脹而逐漸加大，這就等同於那個星系以某種速度遠離我們。同樣的，就像是氣球上的兩點隨著氣球膨脹，看起來會好像距離越來越遠。

結果就是星系的光會轉移成較低頻率，因為波必需行進的更遠，所以抵達我們地球的時間也就更久。因此，非常遙遠的星系，看起來會比附近的星系還紅。嚴格說來，宇宙紅移並不是真正的都卜勒效應，因為遠離的星系並非真的相對於其他附近的物體在移動。星系是固定在它的環境中，而真正在伸展的是空間本身。

都卜勒的貢獻在於，即便都卜勒自己認為都卜勒效應對於天文學家可能有用，但就連他都無法預知應用的範圍有多廣。他聲稱已觀察到來自雙星的光的顏色，然而這在當時引起一股爭論。都卜勒非常富有想像力而且是個有創造力的科學家，但有時他的熱情超越了他的實驗技巧。然而經過了幾十年，天文學家斯里佛（Vesto Slipher）測量到星系的紅移，訂定了宇宙大爆炸模式的發展階段。此外，現今都卜勒效應或許有助於鑑別遙遠恆星的周遭世界，找出這些地方是否甚至可能有生命存在。

【重點概念】 絕對音感

20 歐姆定律

Ohm's law

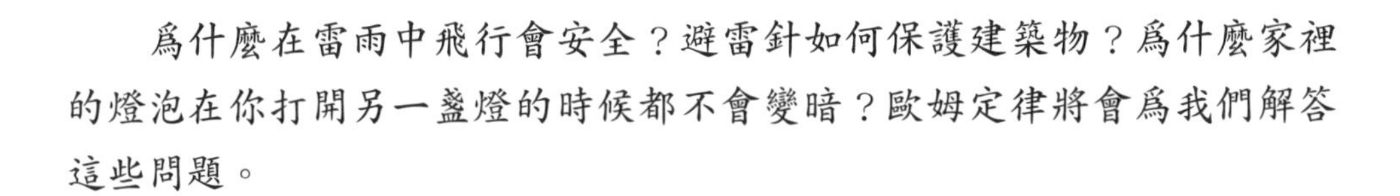

為什麼在雷雨中飛行會安全？避雷針如何保護建築物？為什麼家裡的燈泡在你打開另一盞燈的時候都不會變暗？歐姆定律將會為我們解答這些問題。

電是由電荷的運動而生成。電荷是次原子粒子的基本性質，描述粒子與電磁場之間的交互作用。電荷就跟能量一樣完全守恆，無法被創造或消滅，但是可以被移動。

電荷的性質可以是正或是負。電荷相反的粒子會彼此吸引，而帶相同電荷的粒子則會相互排斥。電子帶負電荷，這是由密立根（Robert Milikan）在1909年測量得到，而質子帶的是正電荷。然而，並非所有的次原子粒子都帶電荷。中子（neutron）正如其名，並沒有帶任何電荷，因此屬於「中性」。

靜電　電可能保持靜止，就是固定分布的電荷，或者是會流動，也就是電流。當帶電粒子移動使得正電荷在不同的地方累積時，就會產生靜電。例如，假使你用袖子摩擦塑膠梳子，梳子就會帶電而能吸起帶相反電荷的小東西，像是碎紙片。

閃電形成的方式也很相似，在紊亂暴風雨雲中的分子，彼此間的摩擦會聚積成電，而電荷突然釋放就會成為閃電。閃電的火花可長達數英里長，溫度則高達攝氏上萬度。

歷史大事年表

西元1752年
富蘭克林進行他的閃電實驗。

西元1826年
歐姆發表他的定律。

富蘭克林（1706～1790 年）

班傑明 · 富蘭克林（Benjamin Franklin）出生在美國的波士頓，他是一位雜貨商第十五個、也是最小的兒子。雖然被要求去當牧師，但他最後卻成為印刷工。即使在富蘭克林聲名大噪之後，他在信件中還是謙遜地署名為「B. 富蘭克林，印刷工」。富蘭克林出版了《窮理查年鑑》（Poor Richard's Almanac），書中一些著名金句使他大為出名，像是：「魚放到第三天開始發臭，客住到第三天開始招厭。」（Fish and visitors stink in three days.）富蘭克林也是個驚人的發明家，他發明了避雷針、玻璃風琴、雙焦點眼鏡還有其他許多東西，然而最讓他著迷的還是電。他在 1752 年進行了他最知名的實驗，就是在暴風雨中放風箏，從雷雨雲中擷取到火花。富蘭克林在他的後半生獻身於公共事務，為美國引進了公共圖書館、醫院以及義消，並且致力於廢止奴隸制度。他成為一位政治人物，在美國獨立戰爭的期間和過後，擔任英國和法國的外交工作。他是五人小組（Committee of Five）的成員之一，於 1776 年起草了美國獨立宣言（Declaration of Independence）。

流動　電流 —— 就是家中使用的那種，是電荷的流動。金屬線能傳導電流，那是因為金屬中的電子不會跟特定的原子核結合，所以在其中能輕易地移動。金屬可說是電的導體。電子在金屬線中流動，就像是水在水管中流動。在其他的物質中，移動的可能是正電荷。化學物質在水中溶解時，會有自由浮動的電子和帶正電的原子核（離子）。導電物質，像是金屬，能讓電荷輕易移動通過。而電無法通過的物質，像是陶或塑膠，則稱之為絕緣體。那些只有在特定情況下才能導電的物質，便稱之為半導體。

就跟引力一樣，電流可以由梯度產生，這就是電場或電位。因此，就像是高度改變（重力位能）使得水往低處流一樣，導電物質兩端的電位改變，也會產生電流流經其中。

1752 年富蘭克林在費城成功地以風箏從暴風雲中「擷取到」電。

這種「雲位差」或雲壓（伏特），驅使雲電流流動，也帶給電荷能量。

西元 1909 年

密立根測量單一電子的電荷。

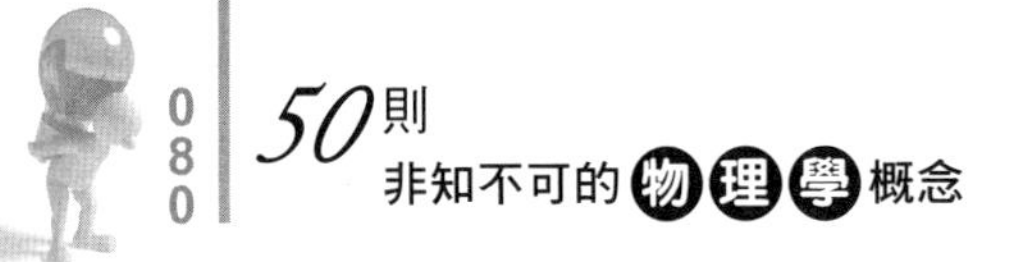

電阻　當閃電的時候，放電會非常快速地流經離子化空氣到達地面。發生這種情況時，驅動的電位差會被消去，因此閃電帶有相當巨大的電流。閃電打穿身體造成的嚴重傷害，並不是因為電壓，而是因為巨大的電流。實際上，電荷在多數物質中無法以這麼高的速度經過，因為電荷會遇到電阻。電阻將電能轉為熱能消散，限制了電流的大小。為了避免被閃電擊傷，你可以站在一個具有相當高電阻的絕緣體上（例如橡膠墊）。或者，你可躲進一個金屬籠裡，因為閃電更容易穿過金屬條而不是你的身體，你的身體裡主要是水，而水不是一種好的導體。這樣的設備稱之為法拉第籠（Faraday cage），是以 1836 年建造了這種籠子的法拉第（Michael Faraday）為名。法拉第籠所建立的電場模式 —— 中空的導體 —— 表示，所有電荷都在籠子外面，籠子裡則是完全不帶電。法拉第籠對於十九世紀進行人造閃電演示的科學家們，是種相當有用的安全裝置。今日，法拉第籠仍然可以用來保護電子設備，並且說明金屬飛機為什麼能安全地飛過帶電的暴風雨，即使飛機直接被閃電打中也沒關係。你坐在金屬的車子裡也一樣安全，只要是你停車的附近沒有大樹。

富蘭克林的避雷針也是以類似的方法作用，它為閃電的電流提供一條低電阻的路徑可走，因此能量不會釋放在擊中的高電阻建築。尖頭的金屬棒效果最好，因為電場會在尖端處壓縮而增強，讓電更有可能經由這個路徑通往地面。高大的樹也是電場的集中處，因此暴風雨時躲在樹下可不是明智之舉。

電路　循著迴路流動的電流稱之為電路。電流和能量穿過電路的運動，可用水流穿過一連串的水管來描述。電流類似於流速，電壓就是水壓，而水管寬

閃電

閃電或許不會擊中同一個地方兩次，但平均而言，打在地球表面的閃電每秒有一百次，或每一天有八百六十萬次。光是在美國，每年十萬場的大雷雨，會帶來兩千萬次擊中地面的閃電。

度或孔徑內部的阻力就是電阻。

格奧爾格 · 歐姆（Georg Ohm）在 1826 年發表了一個最有助於解釋電路的定律。歐姆定律若以代數表示則為：V = IR，亦即電壓降（V）等於電流（I）和電阻（R）的乘積。根據歐姆定律，電壓與電流和電阻成正比。整個電路的電壓加倍，若電阻沒有改變，則流經的電流也加倍；若要保持相同的電流，則需要兩倍大的電阻。電流和電阻則是成反比，所以電阻增加，電流就會變慢。歐姆定律也可應用在具有許多迴路的複雜電路。可以想像的最簡單電路，就是用電線將一顆燈泡接上電池。電池供應所需的電位差來驅動電流通過電線，而燈泡的鎢絲則是在將電能轉換成光和熱時提供某些電阻。如果你在這個電路中插入另一顆燈泡，會發生什麼事呢？根據歐姆定律，如果把第二顆燈泡接在第一顆旁邊，電阻會加倍而各自的電壓也加倍，因此各自得到的能量會被分割，使得光線變暗。如果你想讓家變亮，這樣做就不是那麼實用，也就是如果你多加一顆燈泡，房裡的所有燈泡都會一起變暗。

然而，若是以一個連接的迴路繞過第一個燈泡、直接接上第二顆，那麼每顆燈泡都能有完整的電位降。電流在接合處轉向，分別通過兩顆燈泡，之後再重新會合，因此第二顆燈泡的亮度就會跟第一顆一樣。這種類型的迴路稱之為「並聯」電路。先前提及電阻器一個接一個連在一起的則是「串聯」電路。歐姆定律可以用在任何電路的各處，以此計算任一點的電壓和電流。

21 弗來明右手定則

Fleming's right hand rule

晚上騎腳踏車時，或許你曾用過發電機來提供腳踏車燈的電力。波紋杆與輪胎間的反向轉動，製造了足夠的電壓來點亮兩顆燈泡。你騎得越快，發出的燈光就越亮。這個作用是因爲發電機感應出電流，至於電流的方向，則是由鼎鼎大名的弗來明右手定則得出。

電磁感應可被用於轉換電場和磁場的不同形式，也會用在變壓器上，控制電網、旅行轉接器，甚至是腳踏車發電機的能量傳動。當金屬線圈有磁場變化通過時，會對內部的電荷產生力，造成電荷移動而引起電流。

發電機的小型金屬罐內藏有磁鐵和金屬線圈。繞著輪子轉的突出桿，會帶動位在金屬線圈內的磁鐵。因為旋轉的磁鐵會造成磁場改變，所以金屬線內的電荷（電子）會開始運動而製造電流。電流是在線圈內透過電磁感應的現象被感應而生。

經驗法則 感應電流的方向可由弗來明右手定則得出，這個定律是以蘇格蘭的工程師約翰 · 安布魯斯 · 弗來明（John Ambrose Fleming）命名。

伸出右手將拇指向上，食指筆直朝前而中指向左與食指垂直。當導體沿著拇指向上運動時，磁場就是朝著食指的方向，而感應電流則是往中指的方向，三者之間彼此互相垂直。這是個相當

> 法拉第稱自己的發現是光的磁化以及磁力線的光亮。
>
> 塞曼（*Pieter Zeeman*）
>
> *1903* 年

歷史大事年表

西元 1745 年
發明了萊登瓶電容器。

西元 1820 年
厄斯特（Ørsted）將電與磁相結合。

法拉第（1791～1867 年）

英國物理學家法拉第在當裝訂學徒的時候，自學的讀了許多書。他在年輕時，聽過倫敦皇家學院的化學家戴維（Humphry Davy）的四場演講後深受感動，於是寫信給戴維，希望能夠跟他工作。第一次遭到拒絕後，法拉第開始別的工作，大部份時間都花在協助皇家學院的其他人，不過他還是在研究電動機。1826 年，他創始了皇家學院的星期五晚間講座（Friday Evening Discourses）以及聖誕演講，這兩項活動，直到今日仍在持續進行。法拉第廣泛地研究電學，在 1831 年發現了電磁感應。他被公認為技術高超的實驗者並獲得許多正式職位，包括領港公會（Trinity House）的科學顧問，協助安裝燈塔的電燈。但或許有點令人訝異是，法拉第拒絕了爵位以及皇家科學院院長的職位（不只是一次，而是兩次）。當他的健康狀況逐漸轉壞時，法拉第最後的人生都在漢普頓宮（Hampton Court）的家中度過，這是亞伯特親王（Prince Albert）為表彰他在科學上的重大貢獻而賜贈給他。

實用又很好記的規則。

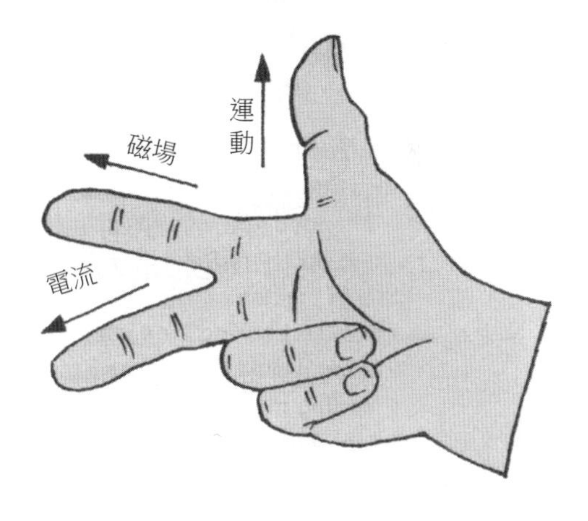

要增強感應電流，可以把線圈纏得更緊，這樣磁場方向沿著金屬線長度改變的次數就會更多；或者讓磁鐵移動的速度更快，也可使感應電流增強。這就是為什麼當你腳踏車騎得較快的時候，發電機產生的燈光就越亮。運動的是磁鐵或線圈都無所謂，只要它們有相對運動，就會產生感應電流。

磁場改變與其感應力之間的關係，可由法拉第定律表示。被稱為電動勢（electromotive force，常簡寫為 emf）的感應力，等於線圈的圈數乘上磁通量（與磁場強度和線圈面積成正比）改變的速度。感應電流的方向，往往會與一開始相反（由冷次定律（Lenz’s law）可知）。若非如此，整個系統會自我放大而違反了能量守恆。

法拉第　法拉第在一八三〇年代發現了電磁感應。英國物理學家法拉第因為電學實驗而聲名大噪。他不僅證明磁鐵浮在水銀基座上會旋轉而由此建立電動機的原理，還證明了光會受到磁場影響。他以磁鐵旋轉平面偏極光，因而推論光本身也一定是電磁。

在法拉第之前，沒有科學家相信電在不同的情況下會出現許多不同的類型。另外，法拉第也證明了電的所有類型，都可根據電荷運動的單一結構來加以描述。然而法拉第不但不是數學家，甚至還被戲稱為「數學文盲」，幸好有另一個英國物理學家 —— 馬克士威爾採用了他對電場和磁場的想法，將之濃縮為自己著名的四個方程式，而這些方程式至今仍為現代物理學的根基之一。

> 只要遵守大自然的定律，沒有任何事物會美好到太不真實。　法拉第，*1849* 年

存儲電荷　法拉第的名字現在被用作電荷的單位 ——「法拉」（Farad），以此標示電容器。電容器是暫時貯存電荷的電子元件，在電路裡很常見。例如，拋棄式相機的閃光燈就是利用電容器貯存電荷（在你等燈亮的時候），當你按下快門的按鈕時，會釋放電荷而在拍照時產生閃光。就算使用一般的電池，聚積的電壓也可能相當大，有好幾百伏特，所以如果你碰到電容器，還是會感覺被電到。

最簡單的電容器組成是兩塊平行、但由空氣隔開的金屬盤。不過，用其他東西組成三明治的形式也都可以做成電容器，只要「麵包」的部份會導電或能留住電荷，而「夾心」的部份不會導電就好。十八世紀出現的第一個貯存電荷的裝置是個玻璃瓶，稱之為「萊登瓶」（Leyden jar），瓶內的表面鍍上了金屬。現今，組成這些三明治各層的材料有許多，像是鋁箔、鈮、紙、聚酯和鐵氟龍。如果將電容器接上電池，電池打開時會在各個盤上積聚正電荷。而當關掉電池時，電荷會被釋放形成電流。因為「壓力」會隨著電荷差減少而下降，所以電流也會逐漸衰退。由於電容器的充電和放電需要時間，

所以本質上可能會延遲電路裡的電荷流動。電容器常跟電感器（例如可增加感應電流的線圈）一起被用來製作電路，讓電路裡的電荷來回振盪。

變壓器　電磁感應不只是用在發電機和電機，電力變壓器也有使用。變壓器的作用是先產生磁場改變，然後利用改變的磁場來感應生成附近線圈的第二個電流。簡單的變壓器組成是一個磁環，繞上兩條不同的金屬線圈。第一條線圈的電場改變，形成了整個磁鐵的振盪磁場，而變化的磁場，接著在第二個線圈形成新的感應電流。

根據法拉第定律，感應電流的大小是依據線圈的迴路數目而定，因此變壓器可藉由設計來調整輸出電流的大小。若輸送要經過國家電網，以低電流、高電壓的電傳送比較有效也比較安全。所以電網的兩端都要使用變壓器，在配電端升高電壓、降低電流，而在用戶端則是降低電壓。如果你摸過電腦的電源轉接器或旅行轉接器的方盒，你就會發現變壓器的溫度升高並常有嗡嗡聲，此時的效率就不是百分之百，因為有能量散失在聲音、振動以及熱度。

22 馬克士威爾方程式

Maxwell's equations

馬克士威爾的四個方程式是現代物理學的基石，也是自宇宙萬有引力理論以來最重要的進展。這些方程式描述了電場和磁場如何是一體的兩面。這兩種場都是由相同的現象，也就是以電磁波來表現。

十九世紀早期的實驗者認為，電和磁可以由這種形式變成另外一種。不過詹姆斯 ‧ 克拉克 ‧ 馬克士威爾（James Clerk Maxwell）設法僅以四個方程式來描述整個電磁場，完成了現代物理學的重大成就之一。

電磁波　電力和磁力作用於帶電荷的粒子和磁鐵。電場改變會產生磁場，反之亦然。馬克士威爾解釋了這兩種狀況如何因同樣的現象而生，也就是以電磁波展現電和磁的特性。電磁波包含變化的電場以及隨其改變的磁場，但兩者間的關係相互垂直。

馬克士威爾測量電磁波在真空中行進的速度，證明電磁波的速度在本質上跟光速一樣。他將此項測量結合厄斯特（Ørsted）和法拉第的研究，證實了光也是種傳播的電磁擾動。馬克士威爾證明光波以及所有的電磁波，在真空中都是以每秒三億公尺的速度定速行進。

這個固定速度，是由自由空間的電、磁絕對屬性來決定。

電磁波的波長可廣到涵蓋整個可見光的光譜。無線電波的波長最長（幾公尺或甚至幾公里長），可見光的波長跟原子間的間隔差不多，而頻率最高者為 X 光和伽瑪射線（gamma ray）。電磁波主要用於通訊，經由無線電波

歷史大事年表

西元 1600 年	西元 1752 年	西元 1820 年
吉爾伯特（William Gilbert）研究電和磁。	富蘭克林進行閃電實驗。	厄斯特將電與磁相結合

傳送電視和手機的訊號。電磁波也能夠提供熱能（像是在微波爐裡），而且還常被用在探測器上（例如醫療用 X 光或是電子顯微鏡）。

電磁場施加的電磁力，是四種基本力之一，其他三種為引力以及將原子與原子核結合在一起的強核力與弱核力。電磁力在化學中也很重要，能將帶電荷的離子綁在一起，形成化合物與分子。

> 我們無法不得出這樣的結論，亦即光存在於引起電磁現象之相同介質的橫向波動中。
>
> 馬克士威爾，約 *1862* 年

場　馬克士威爾從試圖瞭解法拉第的研究開始，也就是法拉第以實驗說明電場和磁場的研究。在物理學中，場（field）是力被傳送一段距離的方法。引力的作用甚至可以橫跨相當遙遠的太空距離，其中產生的是引力場。同樣的，電場和磁場可以影響距離十分遙遠的帶電粒子。如果你曾試過將鐵粉灑在紙片上，然後在紙的下方放一個磁鐵，你就會看到磁力移動鐵粉形成環狀，從磁鐵的北極伸展到南極。如果你把磁鐵移遠一點，強度也會減弱。法拉第曾畫出這些「力線」（filed line），並找出簡單的規則。他也為帶電形體繪製類似的力線，但因為他不是個受過訓練的數學家。所以，這件事後來落在馬克士威爾的身上，他嘗試將這些不同的想法整合成數學理論。

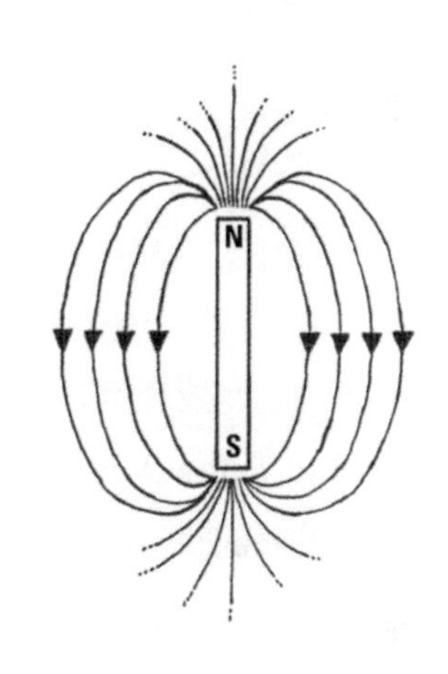

四個方程式　讓所有科學家驚訝的是，馬克士威爾僅以四個方程式，便成功地說明了各種電磁現象。現在這些方程式相當出名，因此常印在一些 T 恤上，後面接著「於是神創造了光」。雖然我們現在都認為電、磁是一體而且是相同的東西，但是在當時，這樣的想法相當激進，重要性就如同今日我們能否將

$$\nabla \cdot D = \rho$$

$$\nabla \times H = J + (\delta D / \delta t)$$

$$\nabla \cdot B = 0$$

$$\nabla \times E = -(\delta B / \delta t)$$

馬克士威爾的方程式

西元 1831 年
法拉第發現電磁感應。

西元 1873 年
馬克士威爾發表電磁方程式。

西元 1905 年
愛因斯坦發表狹義相對論。

馬克士威爾（1831～1879年）

馬克士威爾生於蘇格蘭的愛丁堡（Edinburg）。在鄉村長大的他，對於自然世界十分好奇。母親過世後，他被送到愛丁堡的一所學校，在那裡他得到一個「蠢蛋」的名號，因為他對所學來者不拒地照單全收。在愛丁堡大學和之後的劍橋就學時，馬克士威爾則是被認為很聰明但卻雜亂無章。畢業後，他延續法拉第對於電學和磁學的研究，將之濃縮為幾個方程式。馬克士威爾在父親生病時搬回蘇格蘭，試圖在愛丁堡重新找份工作。與過去的指導教授同場競爭落敗後，他來到倫敦國王學院，在那裡完成了自己最著名的研究。他大約在1862年計算出電磁波的速度與光的速度相同，十一年後，他發表了電磁波的四個方程式。

量子物理和引力相結合。

馬克士威爾的第一個方程式是高斯定律（Gauss’s law），以十九世紀的物理學家高斯（Carl Friedrich Gauss）命名，主要說明帶電物體產生的電場的形狀和強度。高斯定律是個平方反比定律，數學上跟牛頓的萬有引力定律相類似。就跟引力一樣，電場的強度，與帶電物體的表面距離平方成反比。因此，如果你移動到兩倍的距離，場的強度就會減弱為四分之一。

任何傻瓜都可能讓事情變得更大、更複雜……需要一點天賦加上很大的勇氣，才能將事情轉個方向。

這要歸功於愛因斯坦，*1879～1955*年

雖然目前沒有科學證據證明手機訊號對人體健康有害，但平方反比定律解釋了為什麼手機基地台在你家附近，可能比距離很遠更安全。發送台的場會隨距離漸增而快速下降，所以到你身邊時已非常微弱。

相較之下，手機的場很強，因為拿手機時太接近你的頭。因此，基地台越接近，講電話時潛在更危險的力就越弱。然而，一般人常常不理性地更害怕基地台。

馬克士威爾的第二個方程式描述磁場的形狀和強度，或是磁鐵周圍磁力線的圖樣。此方程式說明，力線永遠都是從北到南的封閉迴圈。換句話說，所有的磁鐵都有南北極，沒有一個磁鐵是單極，而磁場永遠都有起點和終點。這是從原子理論得出，理論中提到連原子都有磁場，如果這些場都對齊排列，就會產生很大的磁性。如果你把一根磁鐵棒切成兩半，每一半都會再生成南極和北極。無論你把磁鐵分成多少塊，每一塊碎片都還是保有兩極。

第三和第四個方程式很類似，都在說明電磁感應。第三方程式指出電流改變如何產生磁場，而第四方程式則是說明磁場改變如何產生電流。後者在其他方面與法拉第的感應定律相似。

以如此少的簡單方程式來描述這麼多的現象，確實是個了不起的事蹟，因此這讓愛因斯坦認為馬克士威爾的成就可與牛頓相提並論。愛因斯坦採用馬克士威爾的想法，並且進一步將之併入他的相對論。在愛因斯坦的方程式裡，磁和電是同樣東西的不同表現方式，只是因為觀察者的參照架構不同；移動架構裡的電場，可被視為另一個架構裡的磁場。或許，愛因斯坦才是最終證實電場和磁場真正是相同東西的人。

一九三〇年代，英國物理學家狄拉克（Paul Dirac）試圖結合電磁學與量子理論，預測磁單極可能存在。然而，至今還沒有人能證實這個想法。

23 普朗克定律
Planck's law

爲什麼我們說火是紅熱的呢？又爲什麼鋼在加熱時，發出的光一開始是紅色、接著是黃色，然後是白色呢？普朗克以結合熱學與光學的物理學，描述了這些光的變化。普朗克以統計描述光而不認爲光是連續波的革命性想法，爲量子物理的誕生播下種子。

英國首相威爾遜（Harold Wilson）在 1963 年那場著名的演講中說道，對於「這（技術）革命的白熱化」感到很驚訝。然而，「白熱化」這句話到底是從何而來？

熱的顏色　我們都知道，許多東西在溫度升高時會發光。烤肉用的炭和電爐裡的環會變紅，達到攝氏數百度的溫度。火山熔岩的溫度則會高達攝氏數千度（跟熔化的鋼差不多），發出的光可能會更強烈，有時是橘色、黃色或甚至是白熱。鎢絲燈泡的燈絲溫度會超過攝氏三千度，跟星星的表面差不多。事實上，隨著溫度升高，熱體發的光會先變紅，然後是黃色，最後是白色。光看起來是白色，那是因為有更多的藍光加入現有的紅色和黃色光。這種顏色的延展，可用黑體色溫

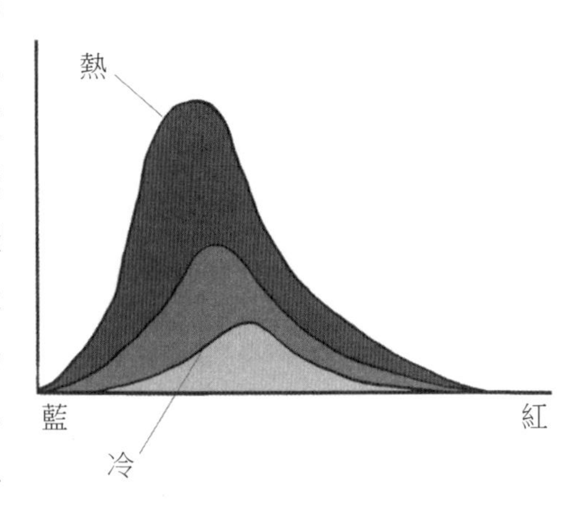

歷史大事年表

西元 1862 年

基爾霍夫（Gustav Kirchhoff）使用「黑體」（black body）這個名詞。

西元 1901 年

普朗克發表黑體輻射定律。

普朗克（1858～1947年）

普朗克在德國的慕尼黑就學。夢想成為音樂家的他，希望能找到可以指導他的音樂家學習，不過有人跟他說，如果他需要問問題，那他應該學些別的東西。不過他的物理學教授沒有給他鼓勵，反而告訴他物理學這門科學已經很完整了，沒有更多的東西可學。幸運的是，普朗克沒有理會這個教授的話，而是繼續他的研究，因為他的研究才挑起了量子的概念。普朗克晚年對於妻子和孩子們的過世感到相當痛苦，其中包括有兩個兒子在世界大戰中死亡。然而，普朗克還是留在德國，試圖在戰後重新恢復物理研究。今日，有許多著名的研究中心就是以馬克斯・普朗克（Max Planck）為名。

曲線來描述。

星星也遵循這個順序：溫度越高、看起來越藍。凱氏六千度的太陽是黃色的，而獵戶座的紅巨星參宿四（Betelgeuse），表面溫度只有太陽的一半。一些溫度更高的星星，像是天空中最亮的星星 —— 天狼星（Sirius），灼熱的表面達到凱氏三萬度，看起來則是藍白色。隨著溫度升高，發散出的高頻藍光就越來越多。

事實上，高溫星星的最強光相當地藍，所以多數是以光譜中紫外光的部份發散。

黑體輻射　十九世紀的物理學家驚訝地發現，無論用什麼物質測試，物體加熱時所發出的光都會遵循相同模式。多數的光以一特定的頻率發散。當溫度提高時，峰值頻率會轉換到更藍（更短）的波長，從紅色、經由黃色，移動到藍白色。

> （黑體理論是）絕望之舉，因為必須不惜任何代價找出理論上的解釋。
>
> 普朗克，*1901* 年

我們有很好的理由使用黑體輻射（Black-body radiation）這個名詞。因為黑色物質最能夠輻射或吸收熱。如果你在很熱的天氣裡穿了一件黑色的 T 恤，就會知道黑色在太陽下溫度升得比白衣服高。白色比較容易反射太陽光，這就是為

普朗克的太空遺產

最完美的黑體光譜來自宇宙。天空沐浴在微波的微弱光中，那是火球大爆炸後的餘暉，因為宇宙擴張紅移到較低的頻率。這種發光，被稱為宇宙微波背景輻射（Cosmic microwave background radaition）。一九九〇年代，美國太空總署（NASA）的宇宙背景探索者（COsmic Background Explorer，COBE）衛星測量到這個光的溫度，它具有凱氏 2.73 度的黑體光譜，而且相當均勻，是目前測量到的最純粹的黑體色溫曲線。地球上沒有物質具有這樣精確的溫度。歐洲太空總署（European Space Agency）近期為紀念普朗克，以他的名字為新的衛星命名。這顆衛星將會十分詳盡地繪製出宇宙微波背景。

什麼熱帶氣候的房子都漆成白色。雪也會反射太陽光。氣候科學家擔憂，兩極的冰帽融化，會讓反射回太空的太陽光變少，使地球的溫度上升得更快。相較於白色物體，黑色物體不只是較快吸收、也會更快地釋放熱能。

這就是為什麼爐子的表面要塗成黑色，並不只是為了要遮光！

革命　儘管物理學家已測量到黑體圖，但他們無法推測或解釋為什麼頻率會在單一顏色上達到高峰。幾位最重要的思想家，維恩（Wilhelm Wien）、雷利爵士（Lord Rayleigh）和金斯（James Jeans）找到了部份的解答。維恩以數學描述在較藍頻率時的變暗現象，雷利和金斯則是解釋增強的紅色光譜，但兩個公式都只能解釋自己的部份而無法用在另一端。尤其是，雷利和金斯的解答還引出了問題，因為理論預測，由於光譜不斷增加，所以有無限的能量會以紫外光和更長的波長被釋放。這個顯著問題被取了個封號：「紫外災變」（ultraviolet catastrophe）。

在試圖瞭解黑體輻射的過程中，德國物理學家普朗克將熱和光的物理學結合在一起。普朗克是個純粹物理學者，喜歡回歸基礎來引伸物理原則。他著迷於熵的概念和熱力學第二定律，認為此一定律跟馬克士威爾的方程式都是自然的基本定律，並且開始著手證明彼此間有什麼關聯。普朗克對於數學具有絕對的信念，如果他的方程式告訴他某些事為真，就算其他所有人的想法都不相同也不重要。

普朗克為了讓他的方程式可行，很不情願地用了一個聰明的修正。他想到的是，以熱力學專家看待熱量的同樣方法來看待電磁輻射。就像溫度是許多粒子的熱能平均，普朗克也以一組電磁振子（electromagnetic oscillator）（或電磁場的微小次原子單位）的電磁能量分配來描述光。

為了修正數學，普朗克將各個電磁單位的能量寫成與頻率成比例，像是 $E = h\nu$，其中 E 是能量、ν 是光的頻率，而 h 是規模常數因子，現在稱之為普朗克常數。這些單位被稱為「量子」（quanta），是拉丁文的「多少」。

從能量量子的新觀點來看，高頻的電磁振子各個都具有能量。因此，在任何一個系統裡，你不可能有相當多的高頻振子，卻不爆出能量限制。就像是，如果你每個月收到的薪水是固定面額的一百張鈔票，你收到的多數鈔票會是中等面額，再加上一些較高或較低額的鈔票。藉由找出眾多振子間分享電磁能量的各種可能方法，普朗克的模式發現，多數的能量是在中間頻率，這與黑體光譜的高峰相吻合。1901 年，普朗克發表了這個大受讚揚的定律，將光波與機率相結合。此外，很快有人發現，普朗克的新概念解決了「紫外災變」問題。

普朗克的量子只是用來解決他的定律的數學問題，當時並沒有想過真的有這個振子的存在。然而，到了原子物理快速發展的時期，普朗克的新奇公式有了驚人的意涵。普朗克埋下一顆種子，後來長成現代物理學最重要的領域之一：量子理論。

【重點概念】 能量預算

24 光電效應

Photoelectric effect

當紫外光照射在銅板上時，就會產生電。這種「光電」效應，在愛因斯坦發現之前一直是個謎。受到普朗克使用的能量量子啓發後，愛因斯坦想出光粒子（或光子）的概念，證明了光如何能既表現得像是一束光子粒、也是種連續的波。

二十世紀初期，物理學界開拓了一個新的光景。在十九世紀時，人們已熟知紫外光會移動金屬內的電子而產生電流，對於這個現象的瞭解，引領物理學家們開創了全新的語言。

藍色打擊手　當金屬受到藍光或紫外光（但紅光不行）照射時，光電效應會在其中產生電流。但就算是很亮的一束紅光，都無法觸發電流生成。只有在光的頻率超過某個閾質時才會有電荷流動，而不同金屬的閾質各有不同。閾質指的是，電荷在被移動前所需累積的特定能量總量。釋放電荷的能量必需來自於光，但是在十九世紀晚期時，發生這種情況的機制還不清楚。電磁波和移動電荷看似為非常不同的物理現象，兩者之間的關聯是個相當大的謎團。

光子　1905 年，愛因斯坦提出一個重要概念來解釋光電效應。就是這項研究（而非相對論），讓他獲得 1921 年的諾貝爾獎。受到先前普朗克用量子來預算熱原子能量的啟發，愛因斯坦想像光也能存在於小小的能量袋中。

歷史大事年表

西元 1839 年
貝克勒爾（Alexandre Becquerel）觀察到光電效應。

西元 1887 年
赫茲（Hertz）測量紫外光造成的間隙火花。

西元 1899 年
湯木生（J. J. Thomso
實電子是由入射光產生

> **每**個問題都有正反兩面。
>
> 普羅塔哥拉斯（*Protagoras*），西元前 *485*～*421* 年

愛因斯坦借用普朗克全部的量子數學定義，亦即由普朗克常數連結的能量和頻率的比例，只不過他是應用在光、而不是原子。愛因斯坦的光量子，後來被命名為光子（photon）。光子沒有質量，而且以光速行進。

愛因斯坦指出，光電效應的生成，需要的是個別光子子彈擊中金屬裡的電子使其運動，而不是讓金屬浸在連續的光波中。因為各個光子帶有與其頻率成正比的一定能量，所以受撞擊的電子，能量也與光的頻率成正比。紅光（低頻）的光子無法攜帶足夠的能量來移動電子，但是藍光（高頻）的光子能量較高，可以讓電子開始活動。紫外光光子的能量又比藍光更多，所以能夠猛烈撞上電子，而且甚至會貢獻更高的速度。把光變得更亮並不會造成任何改變，如果個別紅光光子無法移動電子，那紅光光子的數量再多也沒有用，就好像是把乒乓球發向一輛沉重的 SUV 車。愛因斯坦的光量子想法，一開始並不受到歡迎，因為這跟多數物理學家推崇的馬克士威爾方程式所整理的光波描述大相逕庭。然而，當實驗證明愛因斯坦的古怪想法為真時，氣氛就有所改變。實驗證實，被釋放的電子能量與光的頻率成正比。

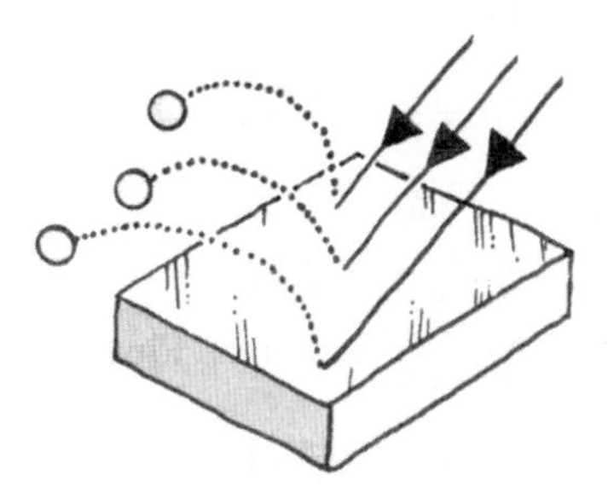

波粒二象性 愛因斯坦提出了不但極富爭議、而且還令人很不自在的想法，那就是光同時既是波、也是粒子，稱之為波粒二象性（wave-particle duality）。直到馬克士威爾寫下方程式之時，人們都還認為光的行為向來是遵循波的表現，會彎曲繞過障礙、繞射、反射和干涉。此時，愛因斯坦證明了光也是一束光子魚雷，由此真正搗亂了原有的想法。

物理學家還在努力對抗這個緊張狀況。現今，我們甚至發現，光好像知道在不同的情況下要表現得像是這個、或像是另外一個。如果你設計一個

西元 1901 年 普朗克採用能量量子的概念。

西元 1905 年 愛因斯坦提出光量子理論。

西元 1924 年 德布羅意提出粒子可以表現得像是波。

愛因斯坦（1879～1955年）

1905年對於這位生於德國、在瑞士專利局（Swiss Patent Office）擔任辦事員的兼職物理學家，是個奇蹟之年。愛因斯坦在德國期刊《物理年鑑》（Annalen der Physik）發表了三篇物理論文。這些論文解釋了布朗運動、光電效應以及狹義相對論，每一篇都是相當具有開創性的研究。愛因斯坦的名聲不斷攀升，到了1915年，他提出的廣義相對論，更是奠定他成為史上最偉大科學家之一的地位。四年後，透過日蝕的觀察，他證實了廣義相對論，也因此變得舉世聞名。1921年，愛因斯坦因光電效應的研究獲頒諾貝爾獎，而光電效應也影響了量子力學的發展。

實驗來測量它的波的特性，像是讓光穿過繞射光柵，它就會表現得像波。如果你試圖測量光的粒子特性，它也會同樣地做出禮貌的反應：表現得像是粒子。

> 物體表面的層次受到能量量子穿透，而其能量至少有部份轉換成電子的動能。最簡單的概念是，一個光量子將自己的全部能量轉移給單一個電子。
>
> 愛因斯坦，*1905* 年

物理學家試圖設計聰明的實驗，想把光逮個正著，或許還能揭開它的真實面貌，但是到目前為止還沒有一個成功。許多實驗是楊的雙狹縫實驗的變化版本，只不過用的是進出可以切換的零件。想像有光線從光源發出、穿過兩個窄窄的狹縫到達螢幕。兩個狹縫都打開時，你看到的是熟悉的干涉條紋，也就是有明暗條紋出現。因此，誠如我們所知，光是波。然而，如果光夠暗，在某種情況下亮度變得很低，以致於各個光子是一個接著一個通過儀器，這樣偵測器就可以在光子抵達螢幕時捕捉到閃光。即使你這麼做，光子還是會持續堆積成條紋狀的干涉圖樣。

所以，單一光子如何知道要穿過這個、或另一個狹縫來形成干涉圖樣呢？如果速度夠快，你可以在光子離開光源時、或甚至是在光子經過狹縫但還沒打中螢幕前，關掉其中一個狹縫。在物理學家能夠測試的每一個實驗中，光子都知道在它們要通過時出現的狹縫有一個或是兩個。而且即使只有

太陽能電池

光電效應在今日被用在太陽能板，讓光在此釋放出電子。太陽能板的材料通常是半導體材料，像是矽，而不是使用純金屬。

一個光子穿過，看起來好像還是各個光子同時穿過兩個狹縫。

若在每個狹縫都放上偵測器（這樣你就知道光子是否穿過這個或另一個），奇怪的是，干涉圖樣消失了，螢幕上只剩下簡單的光子堆積而不再有干涉條紋。因此，無論你如何嘗試想捉住它們，光子就是知道該怎麼辦。而且，它們的舉動會同時像是波和粒子，而不只是其中之一。

物質波 1942 年，德布羅意（Louis-Victor de Broglie）提出相反的概念，亦即物質的粒子也可以表現得像是波。他提出所有物體都有與其相關的波長，意指波粒二象性是種普遍現象。三年後，物質波的想法受到證實，因為觀察到電子就像光一樣會繞射與干涉。物理學家現在也發現了表現得像波的較大粒子，例如中子、質子，甚至是分子（包括微小碳球或「巴克球」）。較大的物體（例如球軸承）有微小的波長，因為太小而看不到，所以我們無法辨認出它們像波的表現。飛越球場的網球具有 10^{-34} 公尺的波長，遠比質子的寬度（10^{-15} 公尺）小很多。

誠如我們已知的，光也是粒子而電子有時是波，所以光電效應兜了一圈回到原地。

【重點概念】 光子子彈

25 薛丁格波動方程式

Schrödinger’s wave equation

如果粒子也會像波一樣延展，那我們該怎麼說粒子在哪裡呢？薛丁格寫下了具有歷史意義的方程式，描述表現得像波時的粒子存在於某些位置的機率。他的方程式還繼續說明電子在原子裡的能階，由此啓動了現代化學以及量子力學。

根據愛因斯坦和德布羅意的研究，粒子和波有緊密關聯。電磁波（包括光）兼具兩者的特性，甚至物質的分子和次原子粒子都可以像波一樣繞射和干涉。

然而波是連續的但粒子不是。所以，如果粒子也會像波一樣延展，我們該怎麼說粒子在哪裡呢？奧地利物理學家歐文 · 薛丁格（Erwin Schrödinger）在 1926 年提出薛丁格方程式，他利用波的物理學以及機率，說明了表現得像波的粒子存在於某一特定位置的可能性。這是量子力學、也就是物理的原子世界的重要基石之一。

薛丁格的方程式最初被用來描述原子中的電子位置。薛丁格試圖說明電子的波狀行為，同時也納入普朗克提出的能量量子概念，他的想法是：波的能量來自基本的建構元件，其能量與波的頻率成正比。量子是最小的元件，讓任何波都具有基本的粒性。

歷史大事年表

西元 1897 年

湯木生發現電子。

西元 1913 年

波耳提出電子環繞原子核運行。

波耳的原子 丹麥物理學家波耳（Niel Bohr）將量子化能量的想法應用在原子裡的電子。因為電子很容易從原子釋放而且帶有負電荷，所以波耳認為，就跟行星環繞太陽運轉一般，電子是環繞著帶正電的原子核運轉。然而，電子只能以特定的能量存在，相當於基本能量量子的整數倍。對於被原子抓住的電子而言，這些能量狀態應該會根據能量，將電子限制在不同層（或「殼層」）。就好像行星只能位於特定的運行軌道，由能量規則來確定各個界線。

波耳的模型非常成功，特別是用於解釋簡單的氫原子。氫原子只有一個電子繞著單一質子運轉，這個質子是作為原子核的帶正電粒子。波耳的量子化能量層級，在概念上解釋了氫原子所放射和吸收的光的特有波長。

就像是攀爬階梯，如果氫原子裡的電子得到能量提升，就可以跳到較高的階梯或殼層。為了跳到更高的階梯，電子需要吸收來自光子的能量，而這個光子要剛好有正確的能量。因此，提高電子的能量層必需有特殊頻率的光，其他的任何頻率都無法作用。此外，一旦提升後，電子也可以往下跳回較低的階梯，放射出頻率跟它先前吸收的一樣的光子。

光譜指紋 氫氣可以吸收一系列光子，其特定頻率相應於不同階梯之間的能量間隙，使得電子在能量階梯往上移動。如果讓白光穿過氫氣，因為各個間隙頻率的所有光都被吸收，所以這些頻率看起來會變黑。如果氫很熱而電子開始的能階較高，結果反而就是出現明亮的線。氫的這些特定能量都可以測量，而且跟波耳的預測相吻合。

所有原子在不同的特定能量都會產生相似的線。因此，就像是指紋一般，可用以辨別各個化學物種。

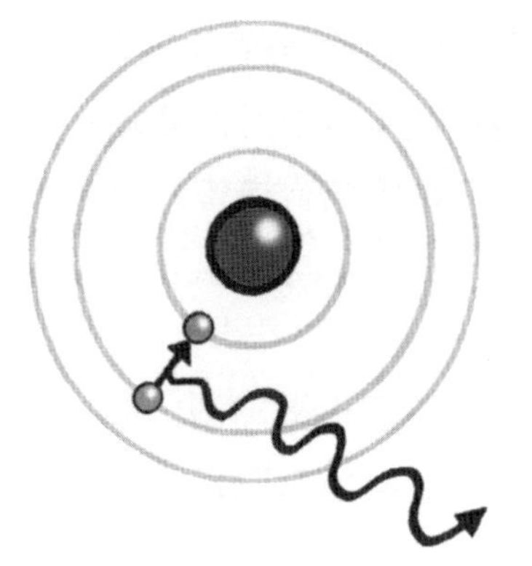

西元 1926 年

薛丁格提出他的波動方程式。

困入箱中

漂浮在自由空間的孤單粒子，有個看來像是正弦波的波函數。如果這個粒子被困在箱子裡，那它在箱壁處的波函數一定是零，在箱子外面也是，因為粒子無法到那裡去。箱子內的波函數，可透過考慮粒子容許的能階或能量量子來判定，這個數字一定會大於零。因為根據量子理論只容許特定的能階，所以粒子在某處的機率會高於另一個地方，而且粒子絕對不會在箱子的某些地方出現，也就是波函數為零的地方。更複雜系統所具有的波函數，則是許多正弦波和其他數學函數的組合，像是由許多諧波組成的樂音。傳統的物理學中，我們會採用牛頓的定律來描述粒子在箱中的運動（像是微型球軸承），因此在任何情況下，我們都確實知道粒子在哪裡以及移動的方向。然而在量子力學中，我們只能討論粒子某時在某個地方的機率，以及因為能量量子化已達原子等級，所以粒子比較有可能在哪裡被發現。不過，由於它也是個波，所以我們還是無法確切地說出它到底在哪裡。

波函數　波耳的能階十分適用於氫，不過對於超過一個電子、且原子核較重的原子就沒有那麼好用。此外還有個謎團，就是德布羅意提出的關於電子應該也被視為波。既然如此，各個電子的運行軌道可同樣被視為波前。然而，若將電子視為波，就表示無法估計任一時間的電子位在何處。

上帝在星期一、星期三和星期五用波動理論來管理電磁學，而魔鬼在星期二、星期四和星期六用量子理論來管理電磁學。

威廉・亨利・布拉格爵士，*1862～1942* 年

受到德布羅意的啟發後，薛丁格寫下了可以描述粒子表現得像波時、所在位置的方程式。他只能藉由結合機率的概念，以統計的方式來做到這點。薛丁格的重要方程式，可說是量子力學的根基。

薛丁格提出波函數的想法，表示粒子於某一時刻在特定位置的機率為何，並將所有關於那個粒子的已知訊息都納入其中。波函數極端地難以理

解，因為我們無法以自身經驗親眼見識，而且相當難以想像、甚至無法以哲學角度來加以解釋。

薛丁格方程式帶來的突破，也引領出原子裡的電子運行軌道模型。這些模型是機率輪廓，概述出電子有百分之 80 至 90 的可能性會在哪個範圍（出現的問題是它們有少數機率可能完全不在這裡）。誠如波耳所設想的，這些輪廓結果不是球形，而是比較拉長的形狀，像是啞鈴或甜甜圈。現在，化學家利用這項知識來改變分子結構。

薛丁格方程式將波粒二象性帶入原子外的所有物質，使物理學產生了重大的改革。他與海森堡（Werner Heisenberg）和其他科學家一起，可說是真正的量子力學之父。

【重點概念】 在這裡、在那裡，但不是無所不在

26 海森堡測不準原理

Heisenberg's uncertainty principle

海森堡測不準原理說明在某一情況下，粒子的速度（或動量）和位置無法同時確實得知：你對其中之一的測量越準確，另一個就越不容易找到。海森堡認爲，觀察粒子的特有行爲本身就會改變粒子，因而不可能獲得準確的知識。因此，任何次原子粒子的過去和未來的行爲，都不可能被準確預測。沒有所謂的決定論。

1927 年，維爾納 · 海森堡（Werner Heisenberg）發現量子理論裡有一些奇怪的預測。這表示，實驗永遠無法完全獨立地完成，因為每個測量的動作都會影響結果。他將這個關係以「測不準原理」表示，也就是你無法同時測量次原子粒子的位置和動量（或在精確的時間點測得粒子的等價能量）。如果你知道其中之一，那麼另一個就永遠無法確定。你可以在特定範圍內測量兩者，但如果其中之一的範圍越嚴密確切，另一個的範圍就會變得比較寬鬆。他認為，這種測不準性是量子力學的深奧結果，也就是跟測量時缺乏技術和正確性無關。

測不準性 任何測量中，答案裡都有一個測不準的元素。如果你以捲尺測量桌子的長度，你可能說桌子是一公尺長而捲尺的誤差是在一公釐內，因為那是捲尺的最小標記。所以說，桌子的實際長度可能是 99.99 公分或是 100.1 公分，而你不會知道。

歷史大事年表

西元 1687 年
牛頓運動定律指出宇宙的決定性。

西元 1901 年
普朗克定律採用統計的技巧。

我們很容易將測不準性想成是因為測量儀器（例如捲尺）的限制，但海森堡的說法則是大不相同。他的理論認為，無論你使用的儀器多麼精準，在確切的同一時間點，你就是永遠都無法同時得知動量和位置這兩者的值。就像是當你測量一個游泳者的位置時，你無法知道她在同一時刻的速度。你可以大略地同時知道兩者，但只要你想讓其中之一更為精確，另一個就變得更測不準。

測量 為什麼會有這個問題呢？海森堡提出一個想像實驗，測量次原子粒子（例如中子）的運動。粒子可以用雷達來追蹤，作法是對粒子射出電磁波。為了達到最高的精確性，你會選擇伽瑪射線，因為這種射線的波長非常小。然而，因為具有波粒二象性，所以擊中中子的伽瑪射線光束會表現得像一連串的光子子彈。伽瑪射線的頻率非常高，因此各個光子都帶有相當大的能量。當大能量的光子擊中中子時，會給中子重重的一擊而改變中子的方向。如此一來，就算你知道某一瞬間的中子在什麼位置，但因為觀察的特有過程，使它的速度無可預測地改變。

如果你用能量較低的光子讓電荷的速度降至最小，那它們的波長就會比較長，因而現在你能測量的位置正確性也降低。無論你讓實驗多麼完美，你都無法同時得知粒子的位置和速度。這就是海森堡測不準原理所要表達的基本限制。

實際上，真正發生的情況其實更加難以理解，因為次原子粒子和電磁波都同時具有波粒行為。粒子的位置、動量、能量和時間的定義全都是機率。薛丁格的方程式根據量子理論，描述了粒子處於特定位置或具有特定能量的機率，具體表現在描述粒子所有屬性的波函數。

海森堡研究量子理論的時期，跟薛丁格差不多相同。薛丁格偏好研究次原子系統的波狀觀點，而海森堡則是研究能量的階梯狀性質。兩位物理學家都根據自己的傾向，發展出以數學描述量子系統的方法；薛丁格利用波的數學，而海森堡則利用矩陣或二維數表，作為寫下屬性組的方法。

西元 1927 年

海森堡發表他的測不準原理。

海森堡（1901～1976 年）

海森堡在德國經歷了整個二次大戰。在一次大戰期間還是個青少年的他，加入了軍事化德國青年運動，這項運動很鼓勵結構化的戶外體能活動。海森堡夏天在農場工作，並且利用時間來研究數學。他在慕尼黑大學（Munich University）研究理論物理時，發現自己很難自在地遊走於所愛的鄉村生活與科學的抽象世界。拿到博士學位之後，海森堡開始從事學術工作，並且在造訪哥本哈根（Copenhagen）時認識了愛因斯坦。1925 年，海森堡發明了量子力學的最初形式，也就是已知的矩陣力學，而在 1932 年因此獲得諾貝爾獎。至於海森堡現今最知名的測不準原理，則是在 1927 年寫出公式。

二次大戰期間，海森堡帶領一個未成功的核武計畫，研究核分裂反應器。德國無法建造核武是出於故意、或單純因為缺乏資源，至今還有所爭議。戰爭結束後，他被同盟國逮捕，跟其他的德國科學家一起被拘留在英國。之後，他返回德國，繼續從事研究。

$$\Delta x \Delta p > \frac{\hbar}{2}$$

$$\Delta E \Delta t > \frac{\hbar}{2}$$

海森堡測不準原理

矩陣和波的解釋都各有追隨者，但兩組人馬彼此都認為對方是錯的。最終，他們聯合各自的資源，提出量子理論的共同描述，成為後人所知的量子力學。

就是在嘗試將這些方程式公式化的期間，海森堡發現無法免去的測不準性。他在 1927 年一封寫給包立（Wolfgang Pauli）的信中，讓這位同事注意到這些。

非決定論　測不準原理的深切意涵，對海森堡起了很大的作用，他點出了這個原理如何挑戰傳統的物理學。首先，這表示次原子粒子的過去行為在測量之前都不受限制。根據海森堡的說法是，「只有在觀察路徑的時候，路徑才存在」。也就是說，除非我們對某樣東西進行測量，否則我們沒辦法知道它在哪裡。另外他也注意到，粒子的未來路徑也無法被預測。基於這些粒子的位置和速度的深

> 在這個瞬間，位置的測量越準確，所知的動量就越測不準確，反之亦然。
> 　　海森堡，*1927* 年

度測不準性，所以未來的結果也無法預測。

這些描述，都與當時的牛頓物理學有相當大的鴻溝，當時的牛頓物理學假設，外在世界是獨立存在，觀察者只要透過實驗就可以看到背後的真相。量子力學則是告訴我們，在原子等級上，這樣的決定論觀點沒有意義，可以談論的只有結果的機率。我們不再能夠談論因果關係，而是只能說說可能性。愛因斯坦和其他許多科學家都覺得難以接受，然而他們都必需同意，這就是方程式所展現的結果。這是第一次，物理學家超越實驗室的經驗，堅定地進入抽象數學的領域。

27 哥本哈根詮釋
Copenhagen interpretation

量子力學的方程式給了科學家正確的答案，不過那是什麼意思呢？丹麥物理學家波耳發展出量子力學的哥本哈根詮釋，這是將薛丁格波動方程式和海森堡測不準原理相結合而成。波耳主張，沒有所謂的孤立實驗，也就是觀察者的介入，會決定量子實驗的結果。波耳這樣的舉動，大大地挑戰了科學的客觀性。

1927 年盛行著量子力學的競爭觀點。薛丁格主張，波動物理學是量子行為的基礎，利用波動方程式就可以描述一切；而另一方面，海森堡則是相信，他的表格矩陣中所描述的電磁波和物質的粒子性質，才是瞭解自然的首要方式。海森堡也以他的測不準原理，證明了我們的瞭解有根本上的限制。他相信，在經由觀察修正以前，過去和未來都不可知，因為描述次原子粒子運動的所有參數，本質上都具有測不準性。

另有一人試圖將所有的實驗和理論結合，形成可以解釋所有現象的新局面。這個人就是尼爾斯 ・ 波耳（Niels Bohr），他跟海森堡在哥本哈根大學（Copenhagen University）的同一學系工作，擔任該系的系主任，他也是說明了氫原子中電子的量子能量狀態的科學家。波耳跟海森堡、玻恩（Max Born）和其他人一起，發展出量子力學的全面性觀點，這個觀點就是後來眾所周知的哥本哈根詮釋。

歷史大事年表

西元 1901 年
普朗克發表黑體輻射定律。

西元 1905 年
愛因斯坦利用光量子來解釋光電效應。

波耳（1885～1962 年）

波耳歷經了兩次世界大戰，曾與當時最好的物理學家們共事過。年輕的波耳在哥本哈根大學攻讀物理，並且在他父親的生理學實驗室裡完成了獲獎的物理實驗。拿到博士學位後，他搬到英國，不過卻在那兒與湯木生發生衝突。到曼徹斯特（Manchester）與拉塞福（Ernest Rutherford）共事過後，他返回哥本哈根完成他的「波耳原子」研究（直到今日，多數人還是以此描述原子）。他於 1922 年贏得諾貝爾獎，就在量子力學完整出現的不久之前。一九三〇年代，為了逃離希特勒統治的德國，科學家們成群來到波耳的哥本哈根理論物理學中心（Institute of Theoretical Physics in Copenhagen），住進了丹麥釀酒商嘉士伯（Carlsberg）所捐贈的大樓。當納粹於 1940 年攻佔丹麥時，波耳搭乘漁船逃到瑞典，接著又逃往英國。

目前，哥本哈根詮釋仍是多數物理學家偏好的詮釋，不過還是有人提出其他的變化。

兩面性 波耳的哲學取向影響著新的科學，尤其是他特別強調觀察者本身對於量子實驗結果的影響。首先，他接受「互補」的想法，也就是物質和光的波與粒子性是同一根本現象的兩面，而不是兩組獨立事件。就像是心理學測驗的圖片一般，表象會根據你如何觀看而可以切換：兩條對稱的曲線，看起來可以像是花瓶的輪廓、或是面對面的兩張臉。波和粒子這兩種特性，是瞭解同一現象的互補方式。並不是光改變了它的特質，而是我們決定如何來看它。

> 我們身在叢林，藉由嘗試錯誤來尋找我們的出路，於前進的過程中建立起走過的道路。
>
> 玻恩，*1882～1970* 年

為了串起量子和一般系統（包括我們以人的規格感受的自身經驗）之間的鴻溝，波耳也提出「對應原理」（correspondence principle），亦即當牛頓的物理學足以適用時，量子行為在我們熟悉的較大系統中必定會消失。

西元 1927 年

海森堡發表他的測不準原理。哥本哈根詮釋成形。

不可知性　波耳意理解測不準原理的核心重要性，這個原理說明，任何次原子粒子的位置和動量（或速度）無法在同一時間被同時測得。如果精確地測量其中一項，那麼另一項先天就具有不確定性。海森堡認為，測不準性會發生，是因為測量行為本身的機制。要測量某樣東西，就算是只有看一看，我們都必需有光的光子由它彈回。因為這一定會涉及某些動能或能量的轉換，所以這樣的觀察行為，會干擾粒子的原始運動。

另一方面，波耳也認為海森堡的解釋有瑕疵。他主張，我們永遠無法讓觀察者完全獨立於所測量的系統。觀察行為本身會設定系統的最終表現，這是透過量子物理的波粒行為機率，而不是因為單純的能量轉換。波耳認為，整個系統的表現需要以整體考量；無法將粒子、雷達，甚至是觀察者各自分開。就算是我們看著一顆蘋果，我們都需要考慮整個系統的量子屬性，包括我們大腦裡處理來自蘋果的光子的視覺系統。

波耳也主張，「觀察者」這個特有名詞其實有誤，因為這會讓我們的想像畫面是：一個跟所觀看的世界完全分開的外部觀看者。例如亞當斯（Ansel Adams）這位攝影師可能捕捉到優勝美地（Yosemite）荒野的原始自然之美，但他真的沒有觸及這片荒野嗎？如果攝影師本人也在那裡，怎麼會有可能這樣呢？真實的畫面是有個人站在自然之中，而不是與自然相隔離。對波耳來說，觀察者是實驗相當重要的部份。

這個觀察者參與的概念，震驚了許多物理學家，因為這挑戰了科學研究一直以來的特有方式以及科學客觀性的根本概念。連哲學家也猶豫不決。自然不再是機械性且可以預測，而實際上是先天不可得知。這對於基本真理的概念有什麼意義呢？更別說對於像是過去和未來這樣簡單的想法有什麼意義呢？愛因斯坦、薛丁格和其他科學家都很難放棄自己對於宇宙是客觀、決定性，而且可以驗證的堅定信念。

愛因斯坦相信，因為量子力學的理論只能用統計加以解釋，所以一定至少有什麼地方不完整。

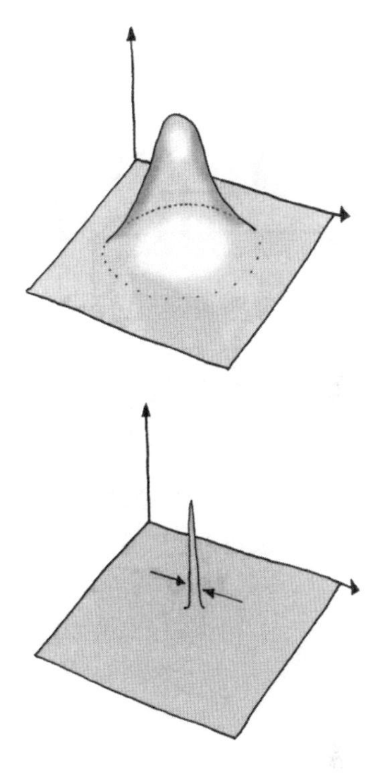

波函數塌縮　假定我們以次原子粒子或波的其中之一本質來觀察，那是什麼決定它如何顯現自己呢？為什麼星期一當光穿過雙狹縫時會像波一樣產生干涉，但是到了星期二，當我們試圖在光通過一個狹縫時捕捉光子，它就切換成像是粒子的行為呢？根據波耳以及哥本哈根詮釋支持者的說法，光同時以兩種狀態存在，它既是波、也是粒子。然而當光被測量的時候，只會讓自己展現出其中一個樣子。因此，我們想如何測量光的事先選擇，決定了光會以何種形式出現。

在這個決策判斷的時刻，也就是當波狀或粒狀的特性被固定時，波函數就已經塌縮。此時薛丁格的波函數所描述的一切可能性結果都已粉碎，因此只剩下最終的結果。所以根據波耳的說法，一束光的原始波函數內含所有的可能性，無論光是以波或粒子的外觀顯現。然而一旦我們對它進行測量，光就只會出現一種形式，不是因為它改變成另一種物質，而是它真的在同一時間具有兩種特性。量子蘋果橘子既不是蘋果、也不是橘子，而是一種混血兒。

從波耳提出了新的詮釋方式以來，物理學家對於直觀地瞭解量子力學代表什麼意義，還是會遭遇到困難。波耳主張，我們需要回歸到用畫板書寫來瞭解量子世界，不能僅使用我們日常生活所熟悉的概念。量子世界是種奇妙又陌生的世界，而我們必須接受這點。

任何不受到量子理論震撼的人，一定是還不了解量子理論。

波耳，*1885～1962* 年。

28 薛丁格的貓
Schrödinger's cat

薛丁格的貓在同一時間既是活的、也是死的。在這個假設的實驗裡，一隻坐在盒子裡的貓可能會、或可能不會被有毒膠囊殺死，這全取決於某個隨機的板機。薛丁格利用這個比喻，表示自己覺得關於量子理論的哥本哈根詮釋有多荒謬。也就是說，根據哥本哈根詮釋的預測，在眞正觀察到結果之前，貓應該是同時處於一種是生也是死的中間狀態。

在量子理論的哥本哈根詮釋中，量子系統以電子雲機率的狀態存在，直到觀察者打開開關，才為自己的實驗選擇一個結果。在被觀察之前，系統有任何的可能性。在我們選擇想測量的光是波還是粒子之前，光同時既是波也是粒子，而我們做出選擇之後，光就會採取那個形式。

雖然對於光子或光波這些抽象量而言，機率雲或許聽起來似乎有理，但是對於我們能夠察覺的較大東西，這有什麼意義呢？量子模糊現象的真正本質，到底是什麼呢？

1935 年，薛丁格發表了一篇文章，內容提到一個假設實驗，此一實驗企圖用比次原子粒子更生動、更熟悉的案例來說明這個行為。薛丁格嚴厲批評哥本哈根詮釋的觀察行為影響本身行為的觀點。他想證明哥本哈根詮釋有多麼愚昧。

量子中間狀態　薛丁格考慮了以下的情況，這個情況完全是出於想像。沒有任何動物因此受到傷害。

歷史大事年表

西元 1927 年	西元 1935 年
量子力學的哥本哈根詮釋出現。	薛丁格提出他的量子貓實驗。

「一隻貓被關在金屬籠子裡，裡面還有下列的殘忍裝置（一定不會受到貓的直接干擾）：蓋革計數器顯示有相當少量的輻射物質，少到或許一個小時的期間只有一個原子衰變，但同一時間沒有原子衰變的機率也相同；如果發生原子衰變，計數器的管子會放電，經由繼電器鬆開一個槌子，而這個槌子會砸碎一小瓶氫氰酸。若將整個系統留置一個小時，如果期間沒有原子衰變，那麼系統裡的貓就會活著。倘若開始有原子衰變，貓就會被毒死。」

因此，在時間過後打開盒子時，貓是活著（希望如此）或死掉的機率各有一半。薛丁格認為，若遵循哥本哈根詮釋的邏輯，我們必需把貓想成是存在於一個模糊混合的狀態，當盒子關著的時候，在同一時間既是活著、也是死的。就像是電子的波或粒子觀點，唯有在偵測的當下才能確定，而貓的未來，只有在我們選擇打開盒子看看的時候才能決定。在打開盒子的時候，我們進行觀察而結果則已設定。

當然，薛丁格抱怨這很荒謬，特別是對於像貓這樣的真實動物。從我們日常的經驗可知，貓一定不是活著就是死的，不會是兩種情況的混合。倘若只因為我們沒有去看，就以為貓處在某種中間狀態的這種想像，這實在是相當瘋狂。如果貓活著，牠記得的一切只有活生生、好端端地坐在盒子裡，跟機率雲或波函數無關。

其他人之中，有愛因斯坦同意薛丁格的想法，認為哥本哈根詮釋很愚蠢荒謬。他們一起提出了進一步的問題。身為一隻動物，貓是否能觀察自己，因此使自己的波函數塌縮呢？應該怎麼做才能當觀察者呢？觀察者需要像人類一樣有意識，或任何動物都可以嗎？那細菌又如何呢？

更進一步來說，我們或許會質疑，世界上是否有任何東西獨立於我們對其觀察而存在。如果我們忽略盒子裡的貓，光是思考衰變的輻射粒子，倘若

西元 1957 年

埃弗雷特提出多世界假說。

薛丁格（1887～1961 年）

奧地利物理學家薛丁格研究量子力學，跟愛因斯坦一起嘗試（但失敗了）將萬有引力和量子力學統合成單一理論。他偏好波的解釋而不喜歡波粒二象性，但這讓他跟其他的物理學家產生了衝突。

童年的薛丁格喜愛德文詩，但還是選擇到大學攻讀理論物理。一次大戰期間在義大利前線服役時，薛丁格遠距離繼續他的研究甚至還發表論文，後來也重返學術界。薛丁格在 1926 年提出他的波動方程式，且因為這項成就而在 1933 年跟狄拉克一起獲得諾貝爾獎。之後薛丁格搬到柏林，帶領普朗克過去所在的學系，然而當希特勒在 1933 年掌權時，他決定離開德國。他覺得自己很難安頓下來，曾在牛津、普林斯頓和格拉崁都工作過一段時間。1938 年，奧地利被德國併吞時，他又再次逃離，最後來到愛爾蘭（Ireland）都柏林（Dublin），那裡的全新高等研究學院（Institute for Advanced Studies）有個為他設立的職位。薛丁格在都柏林一直待到退休，之後回到維也納。薛丁格的個人人生跟他的專業人生一樣複雜，他跟許多女性生兒育女，其中還有一位跟他和他的妻子在牛津一起生活了一段時間。

一直不打開盒子，那粒子會不會衰變呢？或者，就像哥本哈根詮釋所說的，在我們打開盒子以前，都是處於量子中間狀態呢？或許整個世界都處於混合的模糊狀態，除非我們觀察，否則沒有任何東西可以決定自己，而當我們觀察，就會造成波函數塌縮。你的工作場所是否當你在週末離開時就會瓦解，或者得到路過者的注視才受到保護呢？如果沒有人在看，你的森林度假小屋是否還真實存在呢？或者，小屋以一種混合機率的狀態等待，在你回去之前處於被燒毀、被淹沒、被螞蟻或熊入侵，或好端端處在那裡的重疊狀態呢？鳥和松鼠算不算觀察者呢？聽起來很奇怪，不過這就是波耳的哥本哈根詮釋在原子等級上對世界所做的解釋。

多世界　觀察者如何決定結果的這個哲學問題，導引出詮釋量子理論的另一種變化：多世界假說（Many-worlds hypothesis）。

埃弗雷特（Hugh Everett）於 1957 年提出多世界假說，這個觀點避開未受觀察的波函數有不確定性，而是認為有無數個平行世界存在。每次有觀察發生且注意到特定結果，就有一個新的世界分裂出來。除了因為被看到而有改變的那樣東西之外，各個世界就跟其他的世界完全一樣。因此機率全都相同，只不過事件的發生，讓我們穿過一系列的分歧世界。

若以多世界詮釋來說明薛丁格的貓實驗，當盒子被打開時，貓已不再處於所有可能狀態的重疊狀態。這隻貓不是在一個世界裡活著、就是在另一個平行的世界裡死亡。毒藥在一個世界裡釋放，在另一個世界則沒有。

多世界假說是否勝過波函數中間狀態，仍然有所爭議。我們或許不再需要觀察者將我們拉出機率雲，但代價是引出有些許不同的全系列世界。我在一個世界是搖滾明星，而在另一個世界只是個街頭藝人。或者在一個世界裡我穿著黑色的襪子，在另一個世界穿的則是灰色。這似乎白白浪費了許多的好世界（暗示人們在那些世界裡有耀眼衣櫃）。其他的平行世界可能更有意義：其中一個世界裡貓王還活著、另一個世界裡甘迺迪總統沒有被射殺，還有一個世界裡高爾（Al Gore）是美國總統。這個想法被廣泛借用於電影情節，例如電影「雙面情人」（Sliding Doors）中，葛妮絲 · 派特蘿（Gwyneth Paltrow）在倫敦過著平行的兩個人生，一個成功、另一個則失敗。

今日有些物理學家認為，薛丁格比喻性的貓實驗想法其實是無效的。他只是完全想用自己基於波的理論，在我們就是得接受量子世界很奇怪的時候，試圖把熟悉的物理學概念應用到神秘的量子世界。

【重點概念】生或死？

29 EPR 悖論

The EPR paradox

量子力學指出，訊息在系統之間可被即刻傳送，無論系統彼此相隔多麼遙遠。這種纏結現象，意味著整個宇宙的粒子之間有巨大的互聯網絡。愛因斯坦、波多斯基和羅森認爲這很荒謬，並且在他們的悖論中對這種詮釋提出質疑。實驗顯示量子纏結爲眞，因而開啓了量子密碼學、量子計算，甚至是量子傳輸的應用。

愛因斯坦從不接受量子力學的哥本哈根詮釋，此一詮釋主張，量子系統在被觀察之前，都是以機率的中間狀態存在，直到觀察時才會採取最終狀態。在被觀察過濾之前，系統處於各種可能的組合之中。愛因斯坦不滿這樣的說法，認為這樣的混合狀態相當不切實際。

自相矛盾的粒子　1935 年，愛因斯坦跟波多斯基（Boris Podolsky）和羅森（Nathan Rosen）一起將他們的不舒服壓縮成悖論的形式，這就是知名的 EPR（Einstein-Podolsky-Rosen）悖論。想像一個粒子衰變為兩個較小的粒子。如果原始的母粒子靜止不動，子粒子一定有相同且相反的線動量和角動量，如此動量的總和才是零（保持守恆）。因此，後來出現的粒子，必需飛離且以相反的方向旋轉。這對粒子的其他量子屬性有相似的關聯。

> 我無論如何都相信，上帝不是在擲骰子。
>
> 愛因斯坦，*1926* 年

歷史大事年表

西元 1927 年

提出哥本哈根詮釋出現。

西元 1935 年

愛因斯坦、波多斯基和羅森陳述他們的悖論。

遠距傳輸

科幻片裡很常出現遠距傳輸。通訊技術的出現（例如十九世紀的電報），引起了能將不是電子脈衝的訊息傳送到遙遠地方的期盼。一九二〇和一九三〇年代，像是在柯南．道爾（Arthur Conan Doyle）所寫的書裡開始出現遠距傳輸，使得遠距傳輸成為科幻故事的重要元素。朗格蘭（George Langelann）寫的《變蠅人》（The Fly）（後改編為三集電影）中，一個科學家要傳輸自己，但他的身體訊息卻混到了蒼蠅的身體訊息，於是他變身為半人、半蒼蠅的怪物。真正讓遠距傳輸大受矚目的是電視影集「星艦迷航記」（Star Trek），裡面出現了一句經典台詞：「傳送我，史考特！」（beam me up, Scottie）。星艦企業號（Enterprise）太空船的傳輸者，將被傳輸的人分解成原子，然後再將一個個原子完美地重組起來。在真實生活中，根據海森堡測不準原理的說法，遠距不可能發生傳輸。雖然不可能傳送真正的原子，但量子纏結使得訊息的長距離傳輸變得可能，然而到目前為止，這也只能作用在相當微小的粒子。

一旦粒子發射，如果我們測量其中一個粒子的旋轉方向，就會立刻知道另一個在做反向的旋轉，即便經過一段時間，粒子離開很遠或根本搆不著了，也會是如此。就像是看著同卵雙胞胎，注意她們的眼睛顏色。如果其中一個是綠色，那麼同時我們就知道另一個的眼睛也是綠色。

如果利用哥本哈根詮釋來解釋這點，你會說，在任何測量之前，兩個粒子（或雙胞胎兩人）同時處於各種可能的重疊狀態。粒子的波函數包含有關它們往兩個方向旋轉的訊息，而雙胞胎的眼睛顏色則是各種可能性的混合。當我們測量兩者之一時，各自的波函數就會在同一時間塌縮。愛因斯坦、波多斯基和羅森認為這完全沒有道理。你如何能即時地影響有可能相隔遙遠的兩個粒子呢？

愛因斯坦已經證實，光速是普世的速度極限，沒有任何速度能快過光速。觀察第一個粒子的人，如何跟第二個粒子的觀察者溝通？如果在宇宙這一端的測量可能「同時」影響另一端的物質，那就一定表示量子力學是錯的。

西元1964年
貝爾（John Bell）導出區域性事實的不等式。

西元1981-2年
貝爾的不等式被證實有所違反，因而支持了量子纏結。

西元1993年
量子位元被命名爲量子位。

纏結 薛丁格在同一篇論文中描述了他的貓的矛盾，他用「纏結」（entanglement）來說明這在遠處的奇異行為。

對波耳來說，宇宙在量子的層次上必然是相互關聯。然而，愛因斯坦比較相信「區域性事實」（local reality），亦即有關世界的知識只有在局部可確定。就像是我們推測雙胞胎有相同的眼睛顏色，在觀察前她們的眼睛也不會處於模糊的多重顏色狀態，所以愛因斯坦推測，這對粒子會被發射到這個或另一個方向，在發射後已經固定，因此不需要遠距離的溝通或觀察的角色。他猜想可能會找到一些隱藏變數（現已公式化為「貝爾不等式」）而最終證明他是對的，但是目前仍沒有找到任何證據來支持這個想法。

愛因斯坦的「區域性事實」想法已被證明有誤。實驗甚至顯示量子纏結為真，即便是超過兩個粒子或粒子間隔數公里遠，仍是如此。

量子訊息 量子纏結一開始屬於哲學爭辯，但現在已使得訊息可用一種跟過去完全不同的方式來編碼和傳送。在一般的電腦裡，訊息以二元碼的固定值來編碼為位元（bit）。量子編碼中使用兩種以上的量子態，但系統也可能以這些狀態的混合型態存在。1933 年出現了「量子位」（qubit）這個新名詞，縮寫自量子位元（quantum bit）（位元值的量子混合），目前正以這些原理在設計量子電腦。

纏結狀態讓量子位之間有新的通訊連接。如果發生測量動作，系統的元素之間就會開始大量湧出量子通訊。一個元素的測量值會設定所有其他元素的值；這樣的效應可用於量子密碼學，甚至是量子傳輸。

量子力學的不確定性，實際上排除了許多科幻小說描繪的遠距傳輸，也就是科學家藉此從某樣東西取得所有訊息，然後再到別處重組。因為根據測不準原理，我們無法獲得所有的訊息。因

> 看似連上帝都受到測不準原理的束縛，無法同時知道粒子的位置和速度。因此，上帝是否在跟宇宙擲骰子呢？所有證據都指向祂是個頑固的賭徒，只要一有機會就擲骰子。
>
> 霍金（*Stephen Hawking*），*1993* 年

此，傳輸人類、或甚至蒼蠅，都不可能達成。然而，若以操作纏結系統來傳輸量子，則有可能做到。如果有兩個人（物理學家常將他們命名為愛麗絲（Alice）和鮑伯（Bob））共享一對纏結的光子，愛麗絲可對她的光子進行測量，以便轉送所有的原始訊息到鮑伯的纏結光子。鮑伯的光子雖然是複製品，但會變得跟愛麗絲的原始光子難以區別。無論是否為真，遠距傳輸都是個好問題。沒有光子或訊息傳送到任何地方，因此愛麗絲和鮑伯可以在宇宙的兩端，卻還能轉換他們的纏結光子。

量子密碼學的根據是，利用量子纏結作為連接的加密金鑰。發送者和接收者各自都必需握有纏結系統的元件。一個訊息可被隨機打亂，以獨一無二的編碼來拆解，經由量子纏結聯繫送往接收者。這樣的優點是如果訊息被攔截，任何的測量都會破壞訊息（改變其量子態），因此只能使用一次，唯有確切知道應該如何執行量子測量來透過金鑰解密的人，才能讀取訊息。

纏結現象告訴我們，我們假定整個世界是以一種形式獨立存在、與我們對其測量無關的想法，就是不正確。沒有固定在空間裡的物體這種事，就只有訊息。我們只能收集關於我們世界的訊息，並以我們認為適合的方式編排，這樣對我們才有意義。宇宙是茫茫訊息大海；我們分配給訊息的形式，不過是間接次要。

【重點概念】 即時通訊

30 包立不相容原理

Pauli's exclusion principle

包立不相容原理解釋物質爲何有硬度且無法穿透：我們爲什麼沒有陷入地板裡或不能伸手就穿過桌子。這也是中子星和白矮星存在的原因。包立的原理應用在電子、質子和中子，因此對所有物質都有影響。此原理説明，所有物質都不可能同時有同一組量子數。

是什麼讓物質有硬度？原子主要是空間，既然如此，那為什麼你無法像擠海綿那樣捏它，或把它像是起士那樣磨過起士刨刀、讓起士穿刨刀而出？物質為何佔據空間，是物理學中最深奧的問題之一。如果沒有這回事，我們可能會掉進地心、或陷入地板，建築物也會因為自身的重量而被壓碎。

不一樣　包立不相容原理是沃夫岡・包立（Wolfgang Pauli）在 1925 年提出，解釋為什麼正常原子無法在同一個空間區域裡共存。包立指出，原子和粒子的量子行為，表示它們必需遵循特定的規則，以避免它們具有相同的波函數，或換句話說是不要有相同的量子屬性。包立提出他的原理，試圖解釋原子裡的電子行為。我們已知，電子偏好以特定的能量狀態或在特定殼層環繞原子核。

不過，電子是分散在各個殼層之間，絕對不會通通聚集在最低能量的殼層。它們似乎根據包立解出的原理，分布在各個殼層。

歷史大事年表

西元 1925 年
包立提出不相容原理。

西元 1933 年
發現中子並預測中子星。

就像是牛頓的物理學以力、動量和能量來表示一樣，量子力學也有自己的一組參數。例如，量子自旋（quantum spin）可相比為動量，但已經量子化而且只具有特定的值。藉由解出薛丁格的方程式可知，描述任何粒子都需要四個量子數：三個空間座標和一個自旋座標。包立的原理說明，在一個原子裡，沒有任兩個電子可以具備相同的四個量子數。因此，隨著原子裡的電子數目增加（例如原子變得較重），電子就會填滿各自的指定空間，並且逐漸向外移往更高、更高的殼層。就像是在一個很小的戲院裡，當位子都坐滿時，就只能往外坐。

費米子 包立的規則，應用在所有量子自旋到達基本單位半整數倍的電子和其他粒子，包括質子和中子。這樣的粒子稱之為「費米子」（fermion），是以義大利的物理學家費米（Enrico Fermi）命名。根據薛丁格的方程式表示，費米子有不對稱的波函數，從正轉換到負。自旋也有方向性，因此如果兩個費米子具有反向的自旋，就可以靠在一起。唯有兩個電子的自旋方向不同，這兩個電子才會一起位處原子裡的最低能量狀態。

因為物質的基本建構元件：電子、質子和中子全都是費米子，而包立不相容原理描述的就是原子的行為。由於這些粒子沒有一個可以跟其他粒子共享原子能量狀態，所以原子的天性就有硬度。分佈在許多的能量殼層裡的電子，無法每一個都擠進最接近原子核的殼層；事實上，它們還會以極大的壓力抵抗這種擠壓。因此，沒有兩個費米子可以坐進戲院的同一個椅子。

地球

白矮星

中子星

量子擠壓 能發現中子星和白矮星的存在，也要歸功於包立不相容原理。當星體到達生命的盡頭、不再能夠燃燒燃料時，就會發生內爆。它自身的巨大引力，會把所有氣體層都往內拉。當它崩塌時，有些氣體可能被炸開（就像是超新星爆炸時那樣），不過剩下的餘

西元 1967 年

發現第一顆脈衝星，爲中子星的一種。

包立（1900～1959年）

包立最為人所知的是他的不相容原理，以及提出微中子的存在。在奧地利，包立是個早熟的學生，很早就閱讀了愛因斯坦的研究並撰寫關於相對論的論文。海森堡說，包立是個夜貓子，常常在咖啡店裡工作，很少去上早上的課。包立其實苦於許多個人問題，包括母親自殺、短命的婚姻關係，以及酗酒問題。為了尋求協助，他諮詢了瑞士心理學家榮格（Carl Jung），榮格也因此記錄了數千個包立的夢。包立因為再婚而重拾自己的人生，但之後就爆發了第二次世界大戰。他在美國繼續研究，希望能維持歐洲的科學不死。戰爭過後，他回到蘇黎世，爾後在1945年得到諾貝爾獎。在往後的歲月裡，他致力於更傾向哲學和心理學觀點的量子力學研究。

燼會收縮得更多。原子被擠壓在一起時，電子會試圖抵抗壓縮。它們會在不違反包立的原理之下，盡可能佔據最內部的能量殼層，只靠這「簡併壓力」（degeneracy pressure）支撐星球。白矮星的質量跟太陽差不多，卻被擠壓到只有地球半徑差不多大小的區域裡。因此，白矮星的密度相當高，一顆方糖大小的體積，就可重達一公噸。

> 為什麼基態原子裡的所有電子沒有被綁在最內部的殼層？這個問題已被波耳強調為基礎的重要問題……但根據古典力學，卻無法賦予這個現象任何解釋。　包立，*1945*年

對於自身引力較大的星球而言，特別是超過1.4倍太陽質量（稱為詹德拉西卡質量極限（Chandrasekhar mass limit））的星體，壓縮並不會就此停止。在第二次的壓縮過程中，質子和電子可以融合形成中子，因此巨星會縮小成緻密的中子星。

誠如先前所說，因為中子也是費米子，所以它們無法都具有相同的量子態。簡併壓力再次發功，但這次被侷限在半徑只有十公里左右的範圍，將具有太陽或好幾個恆星質量的一整個星體，擠壓到只有美國曼哈頓那麼長的區域。

中子星的密度更是高得驚人，一塊方糖的大小，重量就超過一億公噸。如果情況是引力甚至比這還要更大（例如最大的恆星），進一步的壓縮最終會產生黑洞。

玻色子 包立的規則只能應用在費米子。自旋為基本單位的整數倍且有對稱波函數的粒子，則稱為「玻色子」（boson），這是以印度物理學家玻色（Satyendranath Bose）命名。玻色子包括與基本力有關的粒子（例如光子），以及某些對稱的原子核，像是包含兩個質子和兩個中子的氦。佔據同一量子態的玻色子可以有任何數量，而這種狀況能導致協同團體行為。雷射就是其中一個例子，單一顏色的許多光子都聚在一起行動。

起初為了延伸波耳原子模型的包立不相容原理，正巧領先於海森堡和薛丁格所擁護的量子理論的主要進展。然而，這是研究原子世界的基礎，此外跟多數量子力學不同的是，這個原理具有我們可以實際觸及的結果。

【重點概念】 這個位子有人坐嗎？

31 超導性
Superconductivity

在非常低溫的情況下，有些金屬與合金可以導電且沒有任何電阻。電流在這些超導體裡，可以流動數十億年都不會損失任何能量。當電子耦合並且一起移動，避免了造成電阻的碰撞時，它們會到達永動的狀態。

當水銀冷卻到只比絕對零度高幾度的時候，它就具備了沒有電阻的導電性。這個現象是荷蘭的物理學家海克 · 歐尼斯（Heike Onnes）在 1911 年發現的，當時他把水銀丟進 4.2K（比絕對零度高幾度）的液態氦中。自此，他發現了第一個沒有電阻的超導材料。之後不久，在其他的冷卻金屬中也看到相似的表現，包括鉛以及一些化合物（例如氮化鈮）。在某個臨界溫度下，所有電阻會通通消失，這個臨界溫度隨材料的不同而有所改變。

永動　零電阻的結果是，開始在超導體中流動的電流將可以永遠流動。在實驗室裡，電流可被維持數年，而物理學家估計，這樣的電流在損失任何能量前，可以持續到數十億年。這已十分接近科學家提出的永動。

團體迷思　物理學家認真思索，這樣的重大轉變，如何能在低溫中發生。臨界溫度代表有個很快的相變，因此物理學家便探討金屬中電子的量子行為。量子力學提供了一些線索，而在一九五〇年代出現了各種想法。1957 年，美國物理學家巴定（John Bardeen）、庫伯（Leon Cooper）和雪里佛（John Schrieffer）提出一個極具說服力的完整解釋，說明金屬與簡單合金的超導性，現在這個解釋被稱之為 BCS 理論。

歷史大事年表

西元 1911 年	西元 1925 年	西元 1933 年	西元 1940 年
歐尼斯發現超導性。	預測出玻色－愛因斯坦凝結。	證明超導體與磁場互斥。	發現超導化合物

超流體

超流體是沒有黏性的液體，因此可以沒有摩擦地在管子裡永遠流動。超流體是在一九三〇年代被發現。其中一個例子是超低溫液態氦 -4（原子量為 4，由兩個質子、兩個中子和兩個電子組成）。液態氦 -4 原子是玻色子，由一對費米子組成。

超流體在容器裡的表現相當奇特，它們可以往容器上方流動，厚度只有一個原子厚。如果插入一根毛細管並加熱，就會造成噴泉，因為超流體無法保有溫度梯度（超流體的導熱係數無限大），所以一加熱就會立刻造成壓力改變。如果你試著轉動一桶超流體（參見第 2 頁），則會出現奇怪的現象。因為沒有摩擦力，所以液體不會立刻旋轉，而是保持不動。如果你把桶子轉快一點，那麼超流體就會在某個臨界點突然開始旋轉。它的速度是量子化的，亦即超流體只能以特定值轉動。

BCS 理論指出，超導性的發生，是由於電子成對結合時所出現的奇特行為。

被稱為「庫柏對」（Cooper pair）的電子對，藉由將原子綁在一起的振動，與金屬原子的晶格產生交互作用。金屬是正電原子核組成的晶格，就像是一片電子可以在其中自由漂浮的「大海」。當金屬的溫度相當低時，晶格就會靜止，而經過的負電電子會拉扯晶格的正電電荷，將它們拉出一個波狀波紋。此時在附近移動的另一個電子，可能受到這個正電荷稍強一點的區域所吸引，因而這兩個電子就會形成電子對。第二個電子跟著第一個轉。整個金屬中的電子都會發生這樣的情況，許多同步的電子對結合在一起，成為移動的波動圖樣。

單一電子一定會遵循包立不相容原理，禁止這種不對稱波函數的粒子（費米子）共享相同的量子態。因此，有許多電子的地方，如果它們都在同一個區域，彼此之間一定有不同的能量。這是正常在一個原子或金屬中發生的現象。不過，當電子成對而共同表現得像是一個粒子時，它們就不再遵循這樣的行為模式。它們整體的波函數變得對稱、也不再是費米子，而是屬於

西元 1957 年
提出超導性的 BCS 理論。

西元 1986 年
創造出高溫超導體。

西元 1995 年
在實驗室裡做出玻色－愛因斯坦凝結。

玻色－愛因斯坦凝結

在超冷的溫度下，一群玻色子可以表現得非常奇特。接近絕對零度時，許多玻色子可以全部佔據在相同的量子態，因而可在較大的規模上觀察到量子行為。1925年，愛因斯坦根據印度物理學家玻色的概念，首次預測出玻色－愛因斯坦凝結（Bose-Einstein condensation，BEC），但直到1995年才在實驗室裡製造出來。科羅拉多大學（University of Colorado）的柯內爾（Eric Cornell）和魏曼（Carl Wieman），以及稍晚的麻省理工學院（MIT）的凱特力（Wolfgang Ketterle），在冷卻至凱氏一千七百億萬分之一度的氣態銣原子中看到這種行為。在BEC中，所有群集原子都有相同的速度，模糊之處只來自海森堡測不準原理。BEC的表現就像是超流體。玻色子可以跟其他的玻色子共享量子態。愛因斯坦推測，將玻色子冷卻到非常低的臨界溫度，會造成玻色子下降（或「凝結」）到能量最低的量子態，結果就形成新的物質。BEC很容易破裂，所以離實際的應用還有一段距離，但可以讓我們對量子力學有更多的瞭解。

玻色子。因此，作為玻色子，電子對可以共享相同的最低能量。這種成對的結果，讓金屬的整體能量，稍比自由電子的狀態低一點。就是這樣的特定能量差異，造成在臨界溫度產生的特性快速轉換。

當晶格的熱能小於能量差時，我們會看到電子對的穩流與晶格振動耦合，這就是超導性的特徵。因為晶格波驅動整個晶格的長距離運動，所以沒有電阻：所有電子對都在彼此有關的情況下移動。這些避免跟靜止晶格原子碰撞的電子對，表現得就像是超流體，可以暢行無阻地流動。

在較暖的溫度下，庫柏對會分開而失去它們像玻色子的特性。此時，電子就可能會跟溫暖且在振動的晶格離子碰撞，因而產生電阻。當電子從玻色子的協同流動改變成費米子的不穩定流動，就會在不同狀態間發生快速轉換，反之亦然。

溫的超導體　一九八○年代，超導體技術突飛猛進。1986 年，瑞士研究者發現一種新的陶瓷材料，可以在相對較高的溫度下變成超導體，也就是所謂的「高溫超導體」。第一個由鑭、鋇、銅和氧組合的化合物（稱為氧化銅或銅氧化物），可以在凱氏 30 度溫度下轉變成超導性質。一年之後，其他科學家設計了一種金屬，可以在大約凱氏 90 度的溫度下變成超導體，溫度比常用的液態氮冷卻劑還高。利用鈣鈦基陶瓷以及（摻鉈）汞 - 銅氧化物，超導性的溫度現已達到凱氏 140 度左右，在高壓之下甚至可達更高的臨界溫度。

這樣的陶瓷，一般是被當作絕緣體，因此超導性是在意料之外。物理學家仍在研究新的理論，用以解釋高溫超導性。然而，高溫超導性的發展，現在已是物理學界快速進展的一個領域，將會徹底改革電子學。

超導體要用來做什麼？它們有助於製造強力的電磁，可用於醫院裡的 MRI 掃瞄器以及粒子加速器。有一天，它們有可能被用在效率變壓器，或甚至是磁浮列車。但由於超導體目前只能在超低溫的情況下作用，所以在應用上還有所限制。因此，關於高溫超導體的研究仍在不斷進行，希望能在此有空前的成就。

【重點概念】　電阻不再奏效

32 拉塞福的原子
Rutherford's atom

過去就曾認爲，原子不是物質的最小建構元件。早在二十世紀，物理學家，像是拉塞福打破了原子，揭示出原子的第一層電子，然後是質子和中子的硬核（或原子核）。爲了將原子核綁在一起，則發明出一種新的基本力 —— 強核力。原子時代自此展開。

物質是由一大群微小原子組成的想法，從希臘時代就已經出現。不過，雖然希臘人認為原子是物質不可分割的最小組成，但二十世紀的物理學家發現實際上並非如此，因此開始深入探究原子本身的內部結構。

葡萄乾布丁模型　瞭解原子先從第一層開始解決，那就是電子。首位將電子從原子釋放出來的是 J. J. 湯木生（Joseph John Thomson），他在 1887 年發射電流穿過玻璃管裡的氣體，釋放出電子。1904 年，湯木生提出原子的「葡萄乾布丁模型」（plum pudding model），指出帶負電的電子，就像是葡萄乾

拉塞福（1871～1937 年）

拉塞福是紐西蘭人，他是個現代煉金術士，藉由放射線將一種元素（氮）變化成另一種元素（氧）。身為英國劍橋大學加文狄希實驗室（Cavendish Laboratory）極具啓發性的領導者，他指導了好幾位未來的諾貝爾獎得主。他有個暱稱叫做「鱷魚」，即使到了今日，這個實驗室還是以這種動物作為標誌。1910 年，他對於 α 光散射以及原子內部結構本質的研究，讓他找到了原子核。

西元 1887 年
湯木生發現電子。

西元 1904 年
湯木生提出葡萄乾布丁模型。

西元 1909 年
拉塞福進行他的金箔實驗。

或梅乾一樣被灑在帶正電荷的麵團裡。如果在今天，可能會被稱做是藍莓馬芬模型。湯木生的原子，本質上是一團含有電子的帶正電雲，電子很容易就能被釋放出來。而電子和正電荷兩者，可以混合存在於整個「布丁」裡。

> 這不可置信的程度，就像是對著一張衛生紙發射 15 吋的子彈，然後子彈卻彈回來打中你。
>
> 拉塞福, *1964* 年

原子核　不久之後，到了 1909 年，恩那斯特．拉塞福（Ernest Rutherford）苦思他所做的實驗結果。他在實驗中將重的 α 粒子射向非常薄的金箔，這張金箔薄到足以讓多數粒子直接穿過。

令拉塞福驚愕的是，有一小部份粒子從金箔上反彈，朝向他飛來。這些粒子的方向反轉了 180 度，就好像它們撞到一面磚牆。他意識到，組成金箔層的金原子中，有某樣堅硬的東西而且厚重到足以抵抗沉重的 α 粒子。

拉塞福瞭解，湯木生的葡萄乾布丁模型無法解釋這點。如果原子只是一團正負電粒子混合的醬，那麼沒有什麼東西重到足以把較大的 α 粒子打回去。因此，他推論金原子一定有個緻密的核，並將之命名為原子核（nucleus），此為拉丁文中的堅果「果核」。

同位素　物理學家知道如何解出週期表中不同元素的質量，因此他們知道原子的相對重量。然而，電荷如何分配就比較難以瞭解。因為拉塞福只知道關於電子和帶正電的原子核，為了要讓電荷平衡，所以假設原子核的組成是混合質子（拉塞福在 1918 年由分離氫原子核而發現的帶正電粒子）以及部份中和電荷的一些電子。

剩餘的電子在原子核外繞圈轉動，遵循的是熟悉的量子理論運行軌道。氫（最輕的元素）的原子核只有一個質子，以及繞其運行的一個電子。

已知道有些元素有重量奇怪的其他形式，稱之為同位素（isotope）。碳通常有 12 原子單位重，但偶爾會看到 14 單位重。碳 -14 並不穩定，半衰期（原子發射出放射粒子而衰變到一半所需的時間）為 5730 年，會放射出 β

西元 1911 年　拉塞福提出原子核模型。

西元 1918 年　拉塞福分離出質子。

西元 1932 年　查兑克發現中子。

西元 1934 年　湯川秀樹提出強核力。

三種放射線

放射性物質會發射三種放射線，稱之為 α、β 和 γ 射線。α 射線內含重的氦原子核，裡面有兩個質子和兩個中子綁在一起。因為很重，所以 α 粒子在因碰撞而失去能量前無法行進太遠，而且輕易就能被停止，甚至連一張紙都能阻擋它。第二種放射線帶著 β 粒子，這些是高速的電子，帶負電荷而且非常地輕。β 粒子可比 α 射線行進得更遠，但會被金屬擋住，像是鋁板。第三種是 γ 射線，屬於電磁波，跟光子有關，因此沒有質量但卻有很多能量。γ 射線會蔓延，只能被緻密的水泥塊或鉛塊屏蔽。這三種放射線都是由不穩定的原子放射出來，而這些原子則稱之為放射性原子。

粒子而變成氮 -14。這個反應常被用作放射性碳定年，以測量數千年前考古遺物的年代，例如火燒過的木頭或炭。

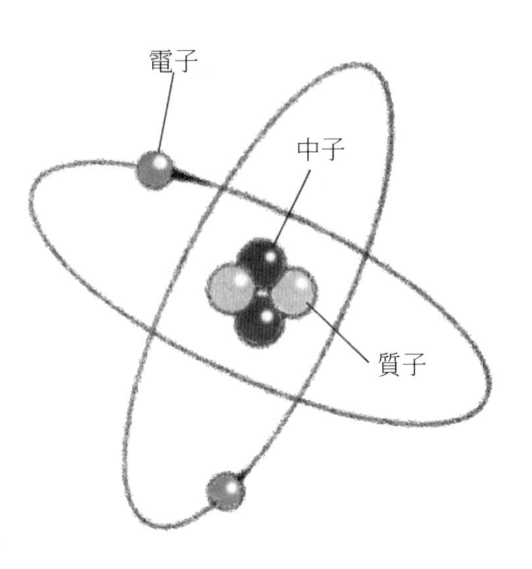

中子　一九三〇年代初期發現了一種新的「放射線」，這種放射線重到足以將石蠟的質子釋放，但是本身沒有電荷。劍橋大學的物理學家查兌克（James Chadwick）證明，這種新的放射線，實際上是跟質子有相同質量的中性粒子。這種粒子被命名為「中子」，從此原子的模型又再重新排列。

例如，科學家發現碳 -12 原子的原子核裡含有 6 個質子和 6 個中子（因此質量為 12 原子單位），以及 6 個運行的電子。中子和質子就是已知的核子（nucleon）。

強力　相較於整個原子範圍及其繞行的電子，原子核可說是非常微小。原子核的大小是原子的十萬分之一，直徑只有幾飛米（femtometer，10^{-15} 公尺）。

> 除了原子和空間什麼都不存在；其他所有一切都是觀點。
>
> 德謨克利特，
> 西元前 460 ～ 370 年。

如果原子被放大到直徑等同於地球，那中心的原子核只有十公里寬，或只有紐約曼哈頓那麼長。原子核幾乎是把整個原子的質量都存放在小小的一點，其中可能包含數十個質子。是什麼將這些正電荷緊緊地一起抓進這小小的空間裡呢？為了戰勝正電荷的靜電排斥而將原子核綁在一起，物理學家必需創造出一種新的力，稱之為強核力。

如果兩個質子彼此相當靠近，它們一開始會因為電荷相同而互相排斥（遵守馬克士威爾的平方反比定律）。但如果把它們推得更近，強核力就會把它們鎖在一起。這種強力只在非常小的間距中出現，不過這個力比靜電力大上許多。如果質子被推得再更靠近，它們會表現得像是硬球一般相互排斥，因此它們能夠距離多近，有個固定的限制。這樣的表現，意味著原子核是被緊緊地綁著，非常緊實且像石頭般堅硬。

1934 年，湯川秀樹（Hideki Yukawa）提出攜帶核力的是一種特殊粒子，稱之為介子（meson），它的行為表現跟光子相似。質子和中子藉由介子交換而黏在一起。即使到了現在，強核力為什麼會在如此特定的距離尺度中作用還是個謎：為什麼在原子核外如此微弱、在很近的範圍內卻如此強大。強核力是四種基本力之一，其他三種則是萬有引力、電磁力，以及稱之為弱核力的另一種核力。

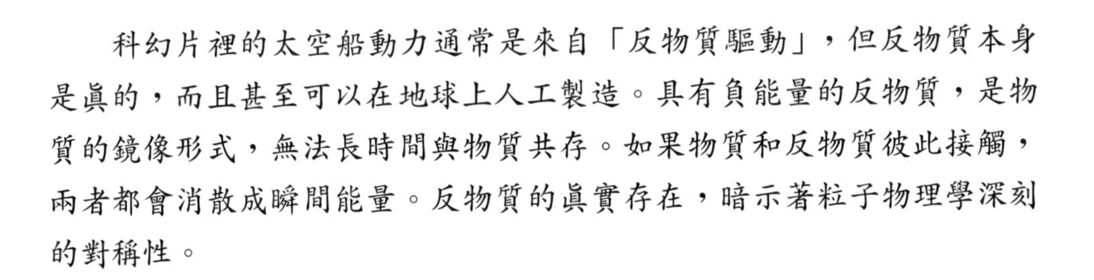

33 反物質
Antimatter

科幻片裡的太空船動力通常是來自「反物質驅動」，但反物質本身是眞的，而且甚至可以在地球上人工製造。具有負能量的反物質，是物質的鏡像形式，無法長時間與物質共存。如果物質和反物質彼此接觸，兩者都會消散成瞬間能量。反物質的眞實存在，暗示著粒子物理學深刻的對稱性。

當走在街上的時候，你遇到了自己的分身。那是你的反物質雙胞胎。你們會握手嗎？反物質在一九二〇年代被預測出來，到了一九三〇年代，因量子理論和相對論的結合而發現了反物質。它是物質的鏡像形式，其中粒子的電荷、能量和其他量子屬性都是反號。因此，稱之為正電子的反電子跟電子有相同質量，但卻是帶有正電。同樣的，質子和其他粒子都有相反的反物質手足。

負能量　1928 年，英國物理學家保羅 · 狄拉克（Paul Dirac）創造出電子的方程式，他認為這個方程式指出電子可能既有負能量、也有正能量的可能性。就像是 $x^2 = 4$ 的解答為 $x = 2$ 和 $x = -2$，狄拉克對這個問題的解答也有兩種：正能量可以預期（跟正常電子有關），而負能量則沒有道理。不過，狄拉克沒有忽略這令人困惑的名詞，反而指出這樣的粒子有可能真實存在。這個物質的互補狀態就是「反」物質。

反粒子　搜尋反物質開始得非常快。1932 年，安德森（Carl Anderson）以

歷史大事年表

西元 1928 年	西元 1932 年
狄拉克導出反物質的存在。	安德森偵測到正電子。

實驗證實了正電子（positron）的存在。他追蹤宇宙射線（來自太空撞進大氣層的粒子）產生的大量粒子的軌跡，發現一種具有電子質量的帶正電粒子軌跡，此即為正電子。自此，反物質不再只是抽象概念，而是真實存在。

> 每十億個反物質粒子，就有十億零一個物質粒子。而當它們相互湮滅時，會有十億分之一殘留下來——這就是我們現在的宇宙
>
> 愛因斯坦，*1879～1955* 年

經過了二十年，才偵測到下一個反粒子：反質子（antiproton）。物理學家建造了新的粒子加速器，利用磁場來提高粒子在其中的行進速度。在 1995 年，粒子加速器製造的強力高速質子束，產生的能量足以讓反質子現形。不久之後，反中子也被發現。

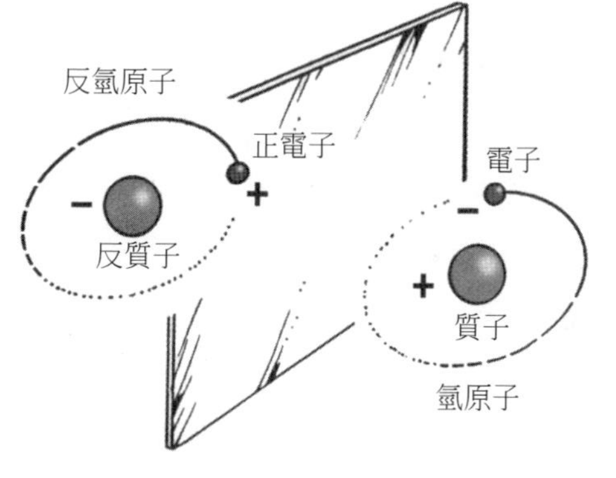

由於反物質與適當的建構元件相等，那是否有可能人工製造出反原子、或至少是反原子核呢？答案在 1965 年出現，結果為「是」。歐洲核子研究組織（Conseil Européen pour la Recherche Nucléaire，CERN）與美國布魯克海文實驗室（Brookhaven Laboratory）的科學家創造出一個重氫（氘）反原子核（反重氫核），內含反質子和反中子。結合正電子和反質子來製造氫反原子（反氫原子）所需的時間較長，但在 1995 年也成功達成。今日的實驗者仍在測試，反氫原子的表現是否跟正常的氫原子相同。

物理學家在地球上，像是在瑞士的 CERN 或芝加哥附近的費米實驗室，可以用粒子加速器創造反質子。當粒子束和反粒子束相遇時，會相互湮滅化為瞬間的純能量。根據愛因斯坦的 $E = mc^2$ 方程式，質量會轉換成能量。因此，如果你遇到你的反物質雙胞胎，彼此伸出手臂擁抱對方應該都不會有什麼好下場。

西元 1955 年
偵測到反質子。

西元 1965 年
製造出第一個反原子核。

西元 1995 年
製造出反氫原子。

狄拉克（1902～1984年）

狄拉克是個才華洋溢但相當害羞的英國物理學家。人們常開玩笑說，他的詞彙只有「是」、「不是」，以及「我不知道」。他曾說過：「我在學校裡學到，絕對不要在不知道結尾的情況下開始說一句話。」他不說廢話的習慣，反映在他的數學能力上。他知名的博士論文，簡潔、有力地讓人印象深刻，精彩呈現出量子力學的新的數學描述。他將量子力學理論和相對論做了部份結合，同時也在進行磁單極和預測反物質的卓越研究。當1933年獲得諾貝爾獎時，狄拉克的第一個念頭是退回獎項以避免出名。不過他後來讓步了，因為有人告訴他，如果他把獎退回去會更加聲名大噪。狄拉克並沒有邀請父親參加頒獎典禮，可能是因為在他哥哥自殺後，兩人之間的關係變得十分緊張。

宇宙不對稱性　如果整個宇宙都散佈著反物質，那麼相互湮滅的事件就會隨時發生。物質和反物質會以小爆炸逐漸彼此摧毀，互相抹去。但因為我們並沒有看到這種情況，所以四周不可能有那麼多反物質。事實上，正常物質才是我們看到的普遍粒子形式，所在範圍相當大。因此，宇宙剛創造的時候，物質和反物質一定不平衡，正常物質一定比它的反物質多一些。

就跟所有鏡像一樣，粒子與其反粒子在不同種的對稱性上互有關連。其中之一是時間。反粒子因為自己的負能量，所以在數學上等同於時間向後走的正常粒子。因此，正電子可被想成是一個從未來旅行到過去的電子。另一個對稱性包括電荷與其他量子屬性，亦即電荷相反，也就是所謂的「電荷共軛」（charge conjugation）。第三個對稱性與空間中的運動有關。回到馬赫原理來看，如果我們改變空間格子的座標方向，運動通常不會受到影響。由左移動到右的粒子，看來就跟由右移動到左的粒子一樣，或者無論是以順時鐘或逆時鐘旋轉都沒有改變。多數粒子都具有這種「宇稱」（parity）對稱性，但有些粒子並非永遠如此。微

> 科學是嘗試以每個人都能理解的方法，告訴人們某件以前從來都沒人知道的事。然而，詩卻是完全相反。
>
> 狄拉克，*1902～1984*年

中子（neutrino）只以一種形式存在，即為左旋微中子，朝一個方向旋轉；並沒有右旋微中子這樣的東西。

反微中子則是相反，只有右旋反微中子。因此，宇稱對稱性有時會被打破，不過電荷共軛和宇稱的組合會守恆，稱之為「電荷宇稱」（charge-parity）或簡稱「CP 對稱」（CP symmetry）。

正確陳述的相反是錯誤陳述。但深刻真理的相反，很可能是另一個深刻真理。

波耳，*1885～1962* 年

就像化學家發現某些原子偏好以一種樣貌（如左旋或右旋結構）存在一樣，宇宙內含的多數為什麼是物質而非反物質，也是個重大謎團。宇宙裡相當小部份（不到百分之 0.01）的東西是由反物質組成。然而宇宙也含有能量的形式，包括大量的光子。因此，很有可能在大爆炸時，創造出相當大量的物質和反物質，不過之後，多數在很短時間內就被湮滅。現在存留下來的只是冰山的一角。只要有微小的不平衡是偏向物質，就足以解釋現在的物質優勢。在大爆炸後的瞬間，每一百億（10^{10}）個物質粒子中只需要有一個存活、其他都灰飛湮滅，就可以成為今天的模樣。剩餘的物質，很有可能藉由 CP 對稱破壞的些微不對稱性，而被保留下來。

這種不對稱性所包含的粒子，是一種重玻色子，稱之為 X 玻色子，但至今還沒有被發現。這些大質量粒子，以一種稍不對稱的方式衰變，造成物質些微的生產過剩。X 玻色子可能也會跟質子作用而造成質子衰變，這聽來是個壞消息，因為這樣表示所有物質終究會消失化為更細的粒子。不過好消息是，發生這件事需要經過**相當長**的時間。我們現在還在這裡而且也沒人曾發現質子衰變，這就表示質子非常穩定，至少一定還能存活 10^{17} 到 10^{35} 年之久或更長、更長，遠遠超過宇宙目前的壽命。然而，這確實有這種可能性，如果到宇宙真的很老的那一天，屆時甚至連正常物質都有可能消失。

34 核分裂
Nuclear fission

核分裂的論證，是科學史上的高峰也是低谷。這項發現，標記了我們對核物理瞭解的重大躍進，也讓原子能量顯現出一道曙光。然而在戰爭的羽翼保護之下，這項新技術幾乎立刻被用作核子武器，劇烈毀壞了日本的廣島市和長崎市，釋放出至今仍難以解決的擴散問題。

二十世紀初始，原子的內部世界開始為人所瞭解。原子就像是俄羅斯娃娃一樣，好幾層的電子外殼內，包覆著一顆堅硬的核、或說是原子核。到了一九三〇年代初期，原子核本身也被打破，顯現出正電質子和不帶電中子的混合內在，質子和中子都比電子重，彼此被強核力綁在一起。破解原子核的能量膠，成了科學家們極欲尋求的重大使命。

突破 1932 年，分裂原子核的嘗試首次成功。英國劍橋大學的柯克羅夫特（Cockroft）和華登（Walton）對著金屬發射非常高速的質子。金屬的構成發生變化，根據愛因斯坦的 $E = mc^2$ 釋放出能量。然而，這些實驗所需放入的能量高過製造的能量，因此物理學家不相信有可能控制這些能量作為商業用途。

1938 年，德國科學家哈恩（Otto Hahn）和史特拉斯曼（Fritz Strassmann）將中子射向重鈾元素，試圖製造更重的新元素。然而他們發現，發散出的卻是輕很多的元素，有些只有鈾的一半質量。這就好像原子核被某些比自己一半質量還小的東西衝擊後，被切成兩半；就像是西瓜被櫻桃撞擊而裂

歷史大事年表

西元 1932 年
查兌克發現中子。

西元 1938 年
觀察到原子分裂。

成兩半。

哈恩把這個情況寫信告知梅特娜（Lise Meitner），她是他們流亡的奧地利同事，不久前才從法西斯德國逃往瑞典。梅特娜對此同樣感到困惑，因而跟她同為物理學家的外甥 —— 傅里胥（Otto Frish）討論這點。梅特娜和傅里胥發現，原子核分裂時會釋放能量，因為分裂後的兩半能量加起來比總能量少。傅里胥在回去丹麥的路途中，無法壓抑他的興奮而將他們的想法告訴波耳。當時搭船航行前往美國的波耳，立刻開始認真研究起解釋，並將這個消息帶給哥倫比亞大學（Columbia University）的義大利物理學家費米。

> 我們逐漸有個想法，或許不應該考慮用鑿子把原子核砍成兩半，而是或許如波耳的想法所提到的，原子核就像是水滴。
>
> 傅里胥，*1967* 年

梅特娜和傅里胥在波耳之前發表了論文，仿照生物細胞的分裂採用了「分裂」（fission）這個名詞。回到紐約後，費米和流亡的匈牙利物理學家席拉德（Leó Szilárd）發現，這種鈾反應可以產生多餘的中子而製造更多的分裂，因此可以繼續造成核的連鎖反應（自給反應）。1942 年，費米在芝加哥大學（University of Chicago）的足球場下得到第一個連鎖反應。

連鎖反應　費米的同事，物理學家康普頓（Arthur Compton）還記得那一天：「陽台上有十幾個科學家在看著儀器，操縱著控制裝置。房間裡有大型

核能

次臨界連鎖反應可保持穩定並用於核能電廠。藉由硼控制棒吸收多餘的中子，可調節鈾燃料裡的中子流動。此外，需要冷卻劑來降低分裂反應所產生的熱。最常見的冷卻劑是水，但也可以使用加壓水、氦氣和液態鈉。今日，法國在使用核能上居於領導地位，生產的核能佔世界總能量的百分之 70，相較之下，美國或英國則佔有百分之 20 左右。

西元 1942 年
得到第一個連鎖反應。

西元 1945 年
在日本投下原子彈。

西元 1951 年
由核能發電。

核廢料

分裂反應器能有效生產能量，但也會製造輻射廢料。最毒的產物包括鈾燃料的殘留物，輻射性可留存長達數千年，此外還有輻射性持續幾十萬年的重元素（例如鈽）。這些危險廢料的製造量雖然很少，但從礦石提取鈾以及其他的過程中，也會留下一系列的低輻射性廢料。如何清理這些廢料，目前仍是個全世界極待解決的重大問題。

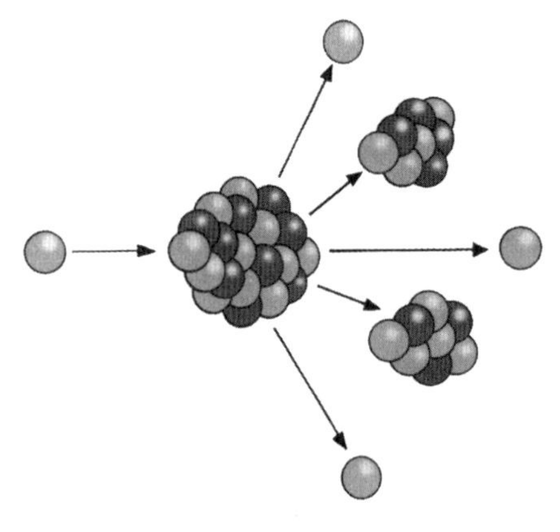

的石磨和鈾塊立方堆，我們希望在其中能看到原子的連鎖反應發生。以安全控制棒插入立方堆的孔。在經過幾次的初步測試後，費米下令把控制棒再抽出一英尺。我們知道，這次將會是真正的測試。記錄反應器中子的蓋革計數器，發出的喀嚓聲開始越來越快、越來越快，最後變成急速的嘎嘎聲。反應增大到連我們站的位置都有可能受到輻射升高的威脅。費米下了指令：『把安全棒丟進去。』計數器的嘎嘎聲降成緩慢連續的咖嚓聲。這是第一次，原子能被釋放出來，而且也被控制和終止。有人遞給費米一瓶義大利酒，然後爆出了一陣歡呼喝采。」

曼哈頓計畫　席拉德太過擔憂德國科學家會複製他們的技術，因此去找了愛因斯坦，兩人在 1939 年聯名寫了一封信警告羅斯福總統。然而在 1941 年之前，並沒有發生什麼太嚴重的事，直到 1941 年，英國的物理學家貢獻出一份計算，證明了建造核武有多麼容易。當時恰巧發生日本攻擊珍珠港，於是羅斯福總統很快地啟動美國的核子炸彈計畫，也就是所謂的「曼哈頓計畫」。曼哈頓計畫由柏克萊的物理學家歐本海默（Robert Oppenheimer）遙控領導，秘密基地建在新墨西哥州的洛塞勒摩斯（Los Alamos）。

> 我想，這一天將會成為人類史上的黑暗日……我也知道，如果德國人在我們之前得到原子彈，我們就必需做些什麼……德國有人去做這件事……我們別無選擇，或者說，我們認為自己別無選擇。
>
> 席拉德, *1898 ～ 1964* 年

1942 年的夏天，歐本海默的團隊設計出炸彈的機制。為了啟動連鎖反應製造爆炸，需要有臨界質量的鈾，但必需在引爆前裂開。常用的技術有兩種：「槍」機制，用傳統炸藥將一塊鈾射向另一塊，以完成臨界質量；「內爆」機制，以傳統炸藥致使鈾成中空球狀，往鈽的核內爆。

鈾有兩種型態或兩種同位素，各自原子核的中子數不同。最常見的同位素鈾 -238，是另一種鈾 -235 的十倍以上。但用於原子彈最有效的是鈾 -235，因此要提高原鈾中的鈾 -235（濃縮鈾）。另外，當鈾 -238 得到一個中子時，會變成鈽 -239。鈽 -239 很不穩定，分解時會產生更多的中子，所以混入鈽可以立刻觸發連鎖反應。使用槍的方法加上濃縮鈾所建造的第一種原子彈，名字叫「小男孩」（Little Boy）。後來也製造出含鈽的圓形內爆原子彈，名為「胖子」（Fat Man）。

八月六日，「小男孩」被投擲到日本廣島。三天後，「胖子」摧毀了長崎。每顆原子彈都釋放了等同於兩萬公噸左右的炸藥，立刻造成七萬至十萬人死亡，而最終的死亡人數更高達兩倍。

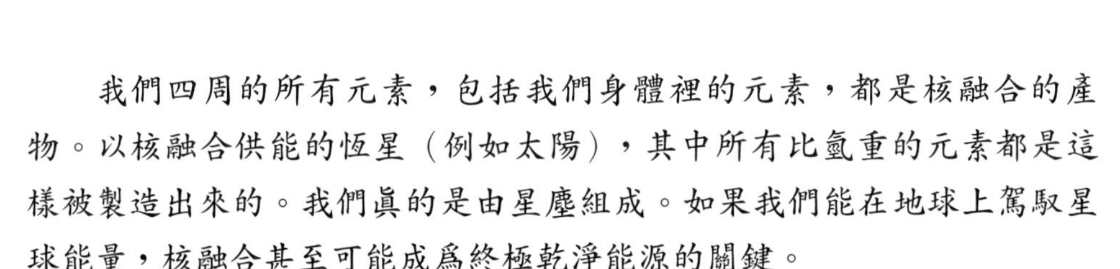

35 核融合
Nuclear fusion

我們四周的所有元素，包括我們身體裡的元素，都是核融合的產物。以核融合供能的恆星（例如太陽），其中所有比氫重的元素都是這樣被製造出來的。我們眞的是由星塵組成。如果我們能在地球上駕馭星球能量，核融合甚至可能成爲終極乾淨能源的關鍵。

核融合是將輕的原子核聚合以形成較重的原子核。當一起壓縮到夠硬的時候，氫原子核可以融合產生氦，過程中會釋放出相當大的能量。透過一連串的融合反應，會慢慢聚積越來越重的原子核，我們在四周所見的一切元素，都可能從零開始被創造出來。

緊壓　即便是最輕的原子核（例如氫），要融合在一起都極其困難。需要極高的溫度和極大的壓力，因此自然發生融合只會在極端的地方出現，像是太陽和其他恆星。兩個原子要融合，必需先克服把彼此抓在一起的力。原子核的組成是以強核力把質子和中子綁在一起。強核力只在原子核的微小尺度中佔有優勢，到了原子核之外就相當微弱。因為質子帶正電，彼此的電荷相互排斥，所以也會微微推開對方。然而強核力的力量更大，因此原子核還是會聚在一起。

由於強核力只在如此短的精確範圍內作用，所以它的結合強度，在小原子核裡比大原子核還大。對於重的原子核，例如有 238 個核子的鈾，在原子核兩端的核子之間的相互吸引力則沒有那麼地強。

歷史大事年表

西元 1920 年
艾丁頓將核融合的想法應用在恆星上。

西元 1932 年
在實驗室驗證氫融合。

西元 1939 年
貝特描述恆星的融合過程。

> **我**請你同時從兩方面來看。瞭解恆星的道路要通過原子；而原子的重要知識已透過恆星得到。
>
> 艾丁頓爵士
>
> （*Sir Arthur ddington*），*1928* 年

另一方面，電斥力在間距較大的地方還是感覺得到，因此較大原子核的電斥力變得更強，因為它可以分佈在整個原子核。電斥力也會隨著原子核含有的正電荷數目越多而提升。這種平衡的淨效應，就是將原子核綁在一起所需的能量（每個核子的平均），原子越重、所需的能量越多，直到鎳元素和鐵元素就非常穩定，然後更大的原子核所需能量反而下降。因此，大原子核發生融合相對比較容易，因為較小的撞擊就可以把它打斷。

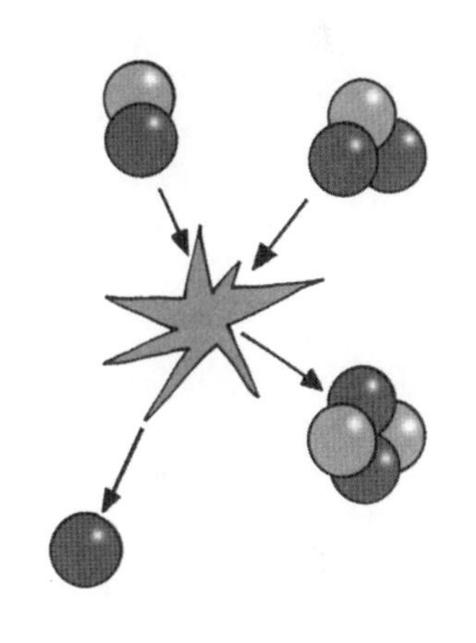

為了融合而必需克服的能量障壁，最低的是只含單一個質子的氫的同位素。氫有三種類型，「標準」氫原子（氕）含有一個質子，外面環繞著一個電子；氘（重氫）有一個質子、一個電子，還有一個中子；氚（超重氫）除了一個質子和一個電子，還有兩個中子，所以更重。因此，最簡單的核融合反應是結合氘與氚，形成氦加上一個中子（$^{2}H^{+} + {}^{3}H^{+} \rightarrow {}^{4}He^{2+} + {}^{1}n$）。雖說是最簡單，但仍然需要高達凱氏八億度來引燃這個反應（這就是為什麼氚相當罕見）。

核融合反應器　地球上，物理學家一直在嘗試複製這些融合反應發生的極端環境，希望能以此產生電力。然而實際上，科學家們離成功還距離好幾十年。即使是最先進的融合機器，所需的能量還是比釋放的能量多出許多數量級。

核融合發電是能量生產的聖杯。相較於核分裂技術，核融合反應更為乾淨，如果能夠作用，應該也更有效率。相當少的原子就能產生極大的能量（根據方程式 $E = mc^2$），而且廢料非常少，也確實沒有像核分裂反應所產生

西元 1946/1954 年

霍伊爾（Fred Hoyle）解釋重元素的產生。

西元 1957 年

伯比奇（Burbidge）夫婦、福勒（Fowler）和霍伊爾發表了著名的核合成論文。

冷融合

1989 年，科學界受到一場爭議主張的震撼。佛萊希曼（Martin Fleischmann）和彭斯（Stanley Pons）宣布他們已完成核融合，不是在巨大的反應器、而是在試管裡。靠著發射電流通過燒杯裡的重水（由氘取代氫原子），他們兩人相信藉由「冷」融合製造能量。他們說，他們的實驗因為發生核融合，所以放出的能量比輸入的多。這件事造成相當大的騷動。多數科學家相信，佛萊希曼和彭斯在計算能量時發生錯誤，但即使到了現在還沒有得到結論。偶爾也會突然出現其他實驗室完成核融合的爭議主張。2002 年，塔勒亞康（Rusi Taleyarkhan）提出，在所謂的「聲激發放光」（sono-luminescence）之下會發生核融合，其中液體裡的泡泡在超音波高速產生脈衝（且加熱）時，發射出光。然而，核融合是否真的可以在實驗室的燒瓶中被製造出來，目前還沒有定論。

的超重元素那麼難以處理的產物。此外，核融合發電也不會產生溫室氣體，假如燃料能被製造出來，那就保證有自給自足且可靠的能量來源。

不過這也並非完美無缺，主反應釋放中子而需被抹去的時候，會產生一些輻射性副產品。

此外，由於需要高溫，因而控制灼熱氣體成了主要的困難，所以儘管核融合已經達成，但這些怪獸機器每次都只能運作幾秒。為了嘗試突破下一個技術障礙，國際間的科學團隊共同合作，在法國建造了一個更大的核融合反應器，名為國際熱核實驗反應爐（International Thermonuclear Experimental Reactor，ITER），在此將會測試核融合能否作為商業之用的可能性。

星塵　恆星是自然的核融合反應器。德國物理學家貝特（Hans Bethe）描述了恆星如何將氫原子核（質子）轉換成氦原子核（兩個質子、兩個中子）而發光。轉換時有多餘的粒子（質子和中子），因此有兩個原始的質子在過程中變成中子。

在恆星裡，較重的元素靠著核融合烹調依序逐漸增加，就像照著食譜做菜一樣。透過一連串「燃燒」第一個氫、然後是氦，接著還有其他比鐵輕的元素建構出越來越大的原子核，最終出現了比鐵還重的元素。

> **我**們是感冒的星球物質的一小塊，出了差錯的星球的一小塊。
>
> 艾丁頓爵士 , *1882 ～ 1944* 年

恆星（像是太陽）會閃耀，因為它們主要是將氫融合入氦，這過程慢到只夠製造相當少量的重元素。在較大的恆星裡，這個反應會因後續反應有碳、氮和氧元素的加入而速度加快，因此會更快製造出重元素。一旦出現氦，就可由此製造出碳（三個氦 -4 原子經由不穩定的鈹 -8 融合）。當一些碳被製造出來後，就可以跟氫結合成氧、氖和鎂。這些緩慢的轉化過程，會花上恆星的大部份壽命。比鐵重的元素，以些微不同的反應製造，按週期表逐漸依序建立。

最初的恆星　有些前面的輕元素是在大爆炸火球中被創造，而不是在恆星裡產生。宇宙一開始的溫度非常高，熱到甚至沒有原子能處於穩定狀態。隨著宇宙漸漸冷卻，氫原子率先凝結，還有一些零碎的氦和鋰以及相當少量的鈹。這些是所有恆星與其他星體的最初原料。至於比這些重的一切元素，都是在恆星內部和周圍製造，然後被爆炸恆星（稱為超新星（supernova））用力擲向宇宙各處。然而，我們還沒真正瞭解最初的恆星如何出現。第一顆恆星可能不含任何重元素而只有氫，因此不會快速冷卻到足以塌縮並開啟融合引擎。引力作用下的塌縮過程，造成氫氣的溫度上升得太高、膨脹得太大。重元素可藉由輻射光幫助氫氣冷卻，因此到了第一代恆星已經存在、且藉由超新星將所有副產品爆向太空的時候，恆星的產生就變得容易。但是要夠快形成第一代恆星，對於理論學家還是個挑戰。

核融合是整個宇宙的基本動力來源。如果我們可以開發這點，就有可能解除能源危機。不過，這也表示我們要能在地球上駕馭恆星的巨大能量，這點絕對是相當困難。

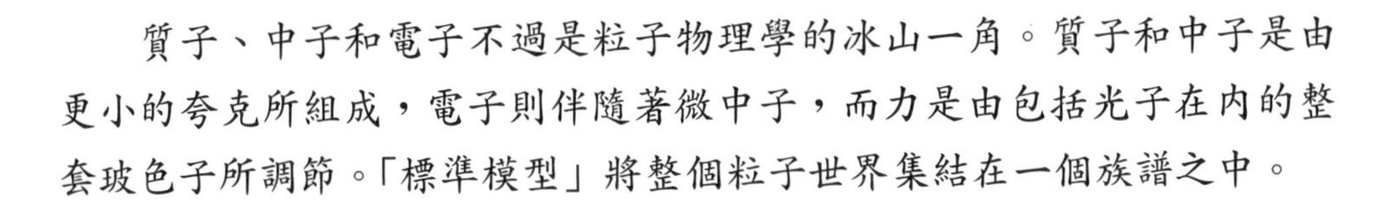

36 標準模型

Standard model

質子、中子和電子不過是粒子物理學的冰山一角。質子和中子是由更小的夸克所組成，電子則伴隨著微中子，而力是由包括光子在內的整套玻色子所調節。「標準模型」將整個粒子世界集結在一個族譜之中。

對希臘人而言，原子是物質的最小組成。直到十九世紀末，更小的成分——第一個電子，接著是質子和中子，才從原子中被挖掘出來。那麼，這三種粒子就是物質的終極建構元件嗎？

抱歉，不是！連質子和中子都還是粒狀的。它們是由更微小的、名叫夸克（quark）的粒子組成，而且還不完全僅止於此。就像光子攜帶電磁力一樣，有大量的其他粒子傳送其他的基本力。就我們目前所知，電子不可分割，但它們會與附近沒有質量的微中子配成對。粒子也有自己的反物質幽靈。這一切聽起來十分複雜，而且確實真的很複雜，但這麼多種粒子可以用一個單一架構來加以理解，那就是粒子物理學的標準模型。

探索　二十世紀初期，物理學家知道物質是由質子、中子和電子組成。波耳根據量子理論，描述了電子本身如何排列在原子核外圍的一系列殼層上，它們就像是繞著太陽運行的行星。至於原子核的特性，那就更奇特了。雖然有互相排斥的正電荷，但原子核可以容納幾十個質子和中子，這些質子和中子全被壓縮在一個小小的硬核裡，由精準的強核力綁在一起。

隨著從放射性瞭解到更多關於原子核如何打開（透過分裂）或結合在一

歷史大事年表

大約西元前 400 年	西元 1930 年
德謨克利特提出原子的概念。	包立預測微中子的存在。

> 就算是可能的統合理論只有一個，但也不過是一組規則和方程式。那究竟是什麼將火吸入方程式中，製造出一個人們可以描述的宇宙呢？
>
> 霍金，*1988* 年

起（透過融合），我們就越清楚知道有其實更多的現象需要被解釋。

首先，太陽裡的氫燃燒經由融合變成氦，代表有另一種粒子 —— 微中子，能將質子轉變成中子。1930 年推論出微中子的存在，用以解釋中子衰變成質子和電子 —— β 放射性衰變。但直到 1956 年才真正發現微中子，知道它本身實際上沒有質量。因此，即使在一九三〇年代，還存在著許多懸而未決的細節。在將這些懸盪的線索收集之後，到了一九四〇和一九五〇年代，又找到其他的粒子，因此集合再次擴大。

從這些探索中逐步發展出的標準模型，這就是次原子粒子的族譜。其中的基本粒子有三種類型：由「夸克」組成的「強子」（hadron）；包含電子的「輕子」（lepton）；以及傳送力的粒子（玻色子），像是光子。夸克和輕子各自都有相對應的反粒子。

夸克　一九六〇年代，物理學家藉由將電子射向質子和中子，發現了質子和中子內有更小的粒子，稱之為夸克。夸克有三種，它們有三種不同的「顏色」：紅色、藍色和綠色。就像電子和質子會攜帶電荷一樣，夸克則會攜帶「色荷」（color charge），而當夸克從一種類型變成另一種時，色荷會保持守恆。色荷跟可見光無關，只不過是物理學家必需自行發明，找出一個抽象的

夸克

夸克會如此命名，源自於喬伊斯（James Joyce）的《芬尼根守靈夜》（Finnegans Wake）書中用來描述海鷗叫聲的詞。他寫道，海鷗叫了三聲「夸克（quark）」或三聲喝采。

西元 1956 年
偵測到微中子。

西元 1960 年代
提出夸克。

西元 1995 年
發現頂夸克。

方法來為夸克的奇異量子特性命名。

就像是電荷產生力，色荷（夸克）也可以對彼此施力。色力藉由稱之為「膠子（gluon）」的力粒子傳送。夸克分離得越遠，色力就變得越強，因此它們會像是被看不見的橡皮筋綁住般黏在一起。因為色力場非常強，所以夸克無法獨立存在而必需永遠被鎖在一起，整體組合成色中性（沒有色荷展現）。可能的組合有三個夸克組成的「重子（baryon）」（包括普通的質子和中子），或者是夸克 - 反夸克對（稱為介子）。

> 人類心中的創造元素，以一種如同那些基本粒子躍進迴旋加速器而短暫存在的神秘方式出現，只會像極微小的鬼魂般再次消失不見。
>
> 艾丁頓爵士，*1928* 年

除了有色荷，夸克還根據「味道」分成六種類型。三對夸克組成質量不同的各代。最輕的是第一代的「上」「和「下」夸克；接著是第二代的「魅」和「奇」夸克；最後的第三代「頂」和「底」夸克，則是最重的一對。上、魅和頂夸克，帶有的電荷是＋ 2/3；下、奇和底夸克的電荷是－1/3。因此，夸克的電荷為分數，而質子的電荷是＋ 1、電子的電荷是－1，所以需要三個夸克來組成質子（2 個上夸克和 1 個下夸克）或中子（2 個下夸克和 1 個上夸克）。

輕子　第二種粒子 —— 輕子，則包括電子，也跟電子有關。同樣的，隨著質量由輕到重可分為三代：電子、渺子（muon）、濤子（tau）。渺子的質量是電子的兩百倍，而濤子則是電子的三千七百倍。所有的輕子都帶單一的負電荷，它們也都有個不帶電的相關粒子，稱之為「微中子」（電子微中子、渺子微中子、濤子微中子）。微中子幾乎沒有質量，也不太跟其他任何東西有交互作用。微中子可以在無意間就直接穿過地球，因此很難捕捉。所有的輕子都有反粒子。

交互作用　基本力是由粒子交換來調節。就像電磁波也可被視為一束光子一般，弱核力可以被想成是由 W 粒子和 Z 粒子攜帶，而強核力則是由膠子傳送。這些其他粒子像光子一樣都屬於玻子，可以同時存在於相同的量子態。夸克和輕子則屬於費米子，所以不能以相同的量子態存在。

粒子擊碎 我們如何知道這所有的次原子粒子呢？在二十世紀的後半，物理學家以蠻力揭開了原子和粒子的內部作用，方法就是把它們擊碎開來。粒子物理學的描述，就像是拿把榔頭敲碎精密複雜的瑞士表，然後看著碎片來解出手錶如何運作。粒子加速器利用巨大的磁鐵使粒子加速到極高的速度，然後將這些粒子束擊碎在靶上、或與另一束反向粒子撞擊。在適當的速度下，粒子會裂開一點，最輕那一代的粒子就被釋放出來。因為質量代表能量，所以你需要更高能量的粒子束，才能釋放較後代（較重）的粒子。

在原子擊碎機產生了粒子後，接著就需要加以辨認，粒子物理學家以拍攝它們經過磁場的軌跡來進行此一研究。在磁場裡，正電荷粒子偏轉一個方向，而負電荷粒子則偏轉另一個方向。粒子的質量，也會影響它射過偵測器的速度有多快，以及受磁場影響而路徑彎曲的程度有多大。輕粒子彎得不多，而較重的粒子可能甚至會繞成環狀。藉由找出偵測器裡的粒子特質，並與理論預期加以比較，粒子物理學家便可以區別出各個粒子是什麼。

引力並沒有包含在標準模型裡。「引力子」（graviton）或攜帶引力的粒子被假設存在，但僅止於一個概念。引力跟光的相異之處在於，至今尚無證據證明引力具有任何粒性。有些物理學家試圖將引力放入標準模型，形成大一統理論（grand unified theory，GUT），但距離完成還得要很長的一段時間。

費米子			
夸克	u 上	c 魅	t 頂
	d 下	s 奇	b 底
輕子	e 電子	μ 渺子	τ 濤子
	ν_e 電子微中子	ν_μ 渺子微中子	ν_τ 濤子微中子

玻色子			
力的載子	γ 光子	W W 玻色子	Z Z 玻色子
	g 膠子	希格斯玻色子 ？	

【重點概念】 都是一家人

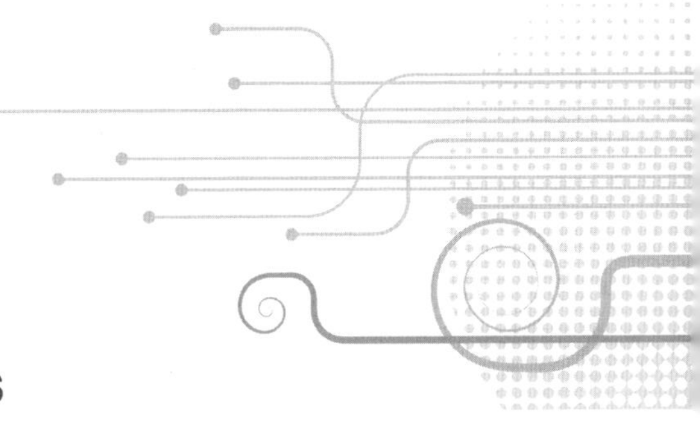

37 費曼圖

Feynman diagrams

費曼圖是個相當聰明的簡圖，可以用簡略的方式解出複雜的粒子物理方程式。各個粒子的交互作用可被畫成交於一點的三個箭頭，兩個箭頭標記射入和射出的粒子，另一個則表示攜帶力的粒子。將許多箭頭加在一起，物理學家就可以解出交互作用發生的可能性。

來自加州的理查 · 費曼（Richard Feynman），是個極具魅力的粒子物理學家，除此之外，跟他的物理學一樣出色的還有他著名的演講和熟練的邦哥鼓表演。費曼提出新的符號語言來描述粒子的交互作用，由於符號語言的簡單性，因而至今都還在沿用。他將複雜的數學方程式簡化的方法，是簡單地畫些箭頭。各個粒子都用一個箭頭代表，一個是進入的粒子、另一個是離開的粒子，再加上另一個彎彎曲曲的箭頭表示交互作用。如此一來，每一個粒子交互作用，都可用三個交於一點（頂點）的箭頭呈現。較為複雜的交互作用，可以用數個這樣的形式建構出來。

費曼圖不光只是圖解工具。它們不僅僅幫助物理學家呈現次原子粒子交互作用的機制，而且畫圖也可協助物理學家計算交互作用發生的機率。

簡圖　費曼圖使用一系列的箭頭描繪出粒子的交互作用，以此顯示參與其中的粒子路徑。圖的畫法通常是往右代表時間增加，射入和射出的電子會畫成指向右側的箭頭。

歷史大事年表

西元 1927 年
開始研究量子場理論。

西元 1940 年代
發展出量子電動力學。

費曼對自己的圖太過著迷，因此將圖畫在自己的車身上。當有人問到為什麼要這麼做時，他只簡單地回答：「因為我是理查．費曼。」

以傾斜的角度，表示運動的方向。至於反粒子，因為它們等同於時間上向後運動的真實粒子，所以代表它們的箭頭就會指往相反的方向：從右到左。在此有幾個例子。（譯註：以下五段請對照右側五個圖）

這個圖可以表示發射出光子的電子。射入電子（左邊的箭頭）在三方交互作用中感受到磁場的作用，產生另一個射出電子（右邊的箭頭）和光子（波浪線）。圖中並沒有具體指明實際的粒子，只有交互作用的機制。同樣這一個圖，也可用於發射出光子的質子。

在此，射入的電子（或其他粒子）吸收光子，產生了第二個能量更大的電子。

現在的箭頭是反向，所以這些一定是反粒子。這個圖可能指的是反電子或說是正電子（左邊箭頭），吸收了光子而產生另一個正電子（右邊箭頭）

這裡的圖表示，一個電子和一個正電子結合而相互湮滅，發散出純能量的光子。

可加以組合兩或三個三交點圖來呈現連續事件。這個圖表示一個粒子和一個反粒子發生湮滅製造出光子，然後衰變成另一個粒子 - 反粒子對。

這些交點可用來代表許多不同類型的交互作用。它們可用於任何的粒子（包括夸克和輕子），以及它們與磁場、弱核力或強核力的相應交互作用。它們全都遵循一些基本規則。能量必需守恆，圖中進入和離開的線都必須

西元 1945 年

研究並使用原子彈。

西元 1975 年

提出量子色動力學。

費曼（1918～1988年）

費曼是個聰明又幽默滑稽的物理學家。他在普林斯頓大學（Princeton University）的入學考試中得到滿分，因而獲得一些研究者如愛因斯坦的注意。以新進物理學家的身分加入曼哈頓計畫的費曼，聲稱自己直接看到了爆炸測試，他告訴自己透過擋風玻璃觀看很安全，因為玻璃會阻擋紫外線。由於困在洛塞勒摩斯相當無聊，費曼就猜測物理學家選來當作密碼的數字（例如自然對數 e = 2.71828⋯），以此破解了檔案櫃的鎖。他還惡作劇地在檔案櫃裡留下紙條，卻讓他的同事開始憂心起他們之間有間諜存在。另外他也開始以打鼓自娛，後來還因此而得到為人古怪的名聲。戰爭過後，費曼搬到美國加州，任教於加州理工學院（Caltech），他喜愛教學而且被稱為「最棒的解說者」，此外還寫了好幾本書，其中包括著名的《費曼物理學講義》（Feynman Lectures on Physics）。費曼是太空梭「挑戰者號」（Challenger）災難的調查委員之一，進行研究太空梭為什麼爆炸，而且他不出所料地相當直言不諱。他的研究包括了發展 QED、超流體物力學，以及弱核力。生涯的後期，他在一場名為「底層的空間還大得很」（There's Plenty of Room at the Bottom）的演講中，掀起了量子計算和奈米技術的開端。費曼有著冒險犯難的精神，相當熱愛旅行。擅長使用符號的他，甚至試圖自己破解瑪雅（Mayan）象形文字。他的同事、物理學家戴森（Freeman Dyson）曾寫道，費曼是「一半天才、一半小丑」，不過後來他把這句話改寫成「既是天才、也是小丑」。

是真正的粒子（例如質子或中子，但不能是自由夸克，因為它無法獨立存在），不過中間階段可包括任何次原子粒子和虛擬粒子，只要它們最後都能完結在真實粒子。

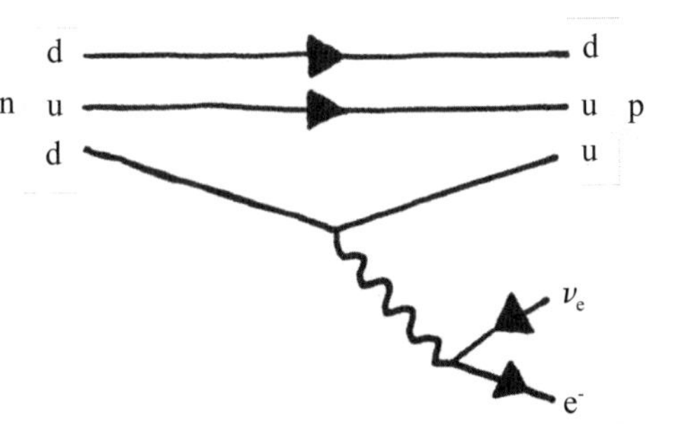

此圖說明 β 放射性衰變。左邊是一個中子，由兩個「下」夸克和一個「上」夸克組成。這個中子在交互作用中轉變為兩個上夸克和一個下夸克組成的質子，加上一個電子和反電子微中子。其中包含兩個交互作用。中子裡的一個下夸克改變成上夸克，產生 W 玻色子（以波浪線表示）── 弱核力的粒子物理學家埃利斯（John Ellis）使用跟費曼圖相似的簡圖，他將他的圖稱為企鵝圖，這個名字起因於他在酒吧跟學生的打賭：如果他在擲飛鏢比賽中輸了，就必需在下一篇論文裡使用「企鵝」這個名詞。埃利斯認為垂直排在紙上的圖，看起來有點像是企鵝，所以就確定在此使用這個名字。

傳遞者。W 玻色子接著衰變成為一個電子和一個反電子微中子。交互作用的產物裡沒有玻色子，但它有參與中間階段。

可能性　這些圖不只是便於將交互作用在視覺上加以簡化，還可以讓我們知道發生交互作用的可能性有多少。因此，這些圖也是對複雜方程式的有力數學描述。若要嘗試解出交互作用的機率有多大，你就必需知道發生的方法有多少。這就是費曼圖何以如此知名之處。藉由畫出交互作用的所有不同變數、各種交互作用中可以得到的所有輸出和輸入方式，你就可由總體計算解出各個交互作用發生的機率。

電子動力學　費曼在一九四〇年代提出這些圖的時候，也發展出量子電動力學（quantum electrodynamics，QED）。QED 背後的想法，跟費馬對於光傳播所提出的最少時間原理十分相似：光會依循所有可能的路徑，但最有可能的走的是最快的路徑，其中多數的光以同相行進。費曼將相似的概念應用到磁場上，在 1927 年之後發展出量子場理論，並引領出量子電動力學。

QED 描述由光子交換調節的電磁交互作用，因此 QED 是將量子力學與電場和次原子粒子的描述加以結合。就是在試圖解出所有可能的交互作用的機率時，費曼提出了他的圖解標記符號。QED 提出後，物理學家將之擴展到涵蓋夸克的色力場，提出名為「量子色動力學」（quantum chromodynamics，QCD）的理論。之後，再將 QED 併入弱核力結合為「弱電」（electroweak）力。

【重點概念】　三叉法

38 上帝粒子
The God particle

1964 年，當物理學家希格斯走在蘇格蘭高地時，想到了粒子的質量從何而來的解釋方法，他稱之爲「一個大概念」。粒子似乎比較重，因爲它們在游過力場時會變慢，現在我們將這個力場稱爲希格斯場。而攜帶力場的則是希格斯玻色子，諾貝爾獎得主雷德曼將之命名爲「上帝粒子」。

為什麼每樣東西都有質量？卡車很重，是因為卡車含有非常多的原子，而各個原子本身可能都相當重。鋼內含鐵原子，它們都落在週期表的下方，也就是較重的元素。不過，為什麼一個原子會重？畢竟裡面主要的部份是空間。為什麼質子比電子或是微中子、或光子來得重呢？

雖然在一九六〇年代已經知道有四種基本力（或交互作用），但它們全都仰賴完全不同的傳遞粒子。光子攜帶電磁交互作用的訊息、膠子以強核力連接夸克，而 W 玻色子和 Z 玻色子攜帶弱核力。但光子沒有質量，而 W 玻色子和 Z 玻色子是非常重的粒子，質量是質子的幾百倍。為什麼它們之間如此不同呢？若考慮電磁力和弱核力可結合成弱電力（electroweak force）的理論，這中間的差異更顯得特別明確。然而，這個理論並沒有預測弱核力粒子（W 玻色子和 Z 玻色子）應該有質量，它們應該就像是沒有質量的質子。基本力的任何進一步結合（如大一統理論的嘗試），也都會遇到相同的問題。力的載子應該沒有任何質量。它們為什麼不全都像是光子呢？

歷史大事年表

西元 1687 年

牛頓的《自然哲學的數學原理》闡明質量的方程式。

> **顯**然要做的就是，嘗試以一切最簡單的規範理論——電動力學，打破對稱性來看看實際上會發生什麼。
>
> 希格斯，生於 *1929* 年

慢動作 希格斯的大概念是，把這些力的載子想成在穿過背景力場時會被減速。現在被稱為希格斯場的力場，作用也是由名叫希格斯玻色子的玻色子來轉換。想像你讓一顆珠子掉進玻璃杯中。如果杯子裡裝滿水，掉到杯底的時間就比較久，而如果杯子裡只有空氣，那就會快一點。就好像是在杯子有水時珠子比較重，因為引力而需要較長的時間把珠子拉穿過液體。如果你走在水裡，相同的道理也可以應用在你的腿上，雙腿會覺得沉重而你的動作會減慢。如果玻璃杯裡裝的是糖漿，珠子可會掉得更慢，得花上一陣子才會沉到底。希格斯場以相似的方式作用，就像是黏稠的液體。希格斯力會減慢其他的載力粒子，有效地賦予它們質量。它對於 W 玻色子和 Z 玻色子的作用比光子強，所以讓這兩種粒子顯得比較重。

這個希格斯場，很像是電子穿過帶正電原子核的晶格（例如金屬）的狀況。電子會減慢一點，因為會被所有的正電吸引，所以看起來比在沒有這些離子的情況下重一些。這就是電磁力在作用，由光子傳遞。希格斯場的作用很類似，只不過攜帶力的是希格斯玻色子。你也可以想像，這就像是一個電影明星要穿過一場雞尾酒派對，而會場裡滿滿是希格斯玻色子。明星發現自己很難穿越房間，因為每一個社交互動都會拉慢他的腳步。

如果希格斯場賦予其他的載力玻色子質量，那麼希格斯玻色子的質量又是什麼呢？希格斯玻色子是如何得到自己的質量呢？這難道不是個雞生蛋、蛋生雞的問題嗎？遺憾的是，理論並沒有預測希格斯玻色子本身的質量，但理論確實有預測希格斯玻色子在粒子物理學的標準模型中所佔的必要性。

因此物理學家期待看到希格斯玻色子，但他們不知道這將會有多麼困難，或是它何時才會出現。（譯註：原文於此句後接「至今尚未被偵測到。」但歐洲核子研究組織（CERN）於 2012 年 7 月 4 日宣布發現一種新的次原子

西元 1964 年

希格斯頓悟到是什麼賦予粒子質量。

西元 2007 年

歐洲核子研究組織（CERN）建造出大型強子對撞機。

> **磁鐵中的對稱性破壞**
>
> 非常高溫下，磁鐵的所有原子都會混亂無序，它們內建的磁場全都失去規則而物質也不再具有磁性。不過當溫度降至特定度數（稱之為居禮溫度），磁偶極又會全都排列整齊，產生完整的磁場。

粒子，性質與希格斯玻色子一致，很可能就是希格斯玻色子，也就是上帝粒子。若經由後續研究確定新發現的玻色子就是上帝粒子，粒子物理學的基礎理論「標準模型」將得以確立。）

證據確鑿　對希格斯粒子仔細進行研究的下一部機器，是位於瑞士的歐洲核子研究組織（CERN）的大型強子對撞機（Large Hadron Collider，LHC）。CERN 是在日內瓦附近的一個大型粒子物理研究室，內有環形隧道，位於一百公尺深的地下，最大的隧道圓周長有二十七公里。在 LHC 中，巨型磁鐵加速質子，形成繞著軌道曲線前進的質子束。質子在繞圈前進時受到持續加速，因而行進得越來越快。製造出的兩束反向質子，在以最高速行進時，質子束會射向彼此，因此高速的質子會迎面猛烈撞擊。產生的巨大能量能讓一切有質量的粒子暫時被釋放出來並由偵測器記錄，如果它們的壽命很短就會有衰變產物。LHC 的目標是找出希格斯粒子的線索，埋藏在數十億其他粒子信號之中的線索。物理學家知道他們在尋找什麼，不過還是很難將它一舉擒下。如果能量夠高，希格斯粒子或許就會在消失成一連串其他粒子之前，短短地出現幾分之一秒。因此，物理學家不是看到希格斯粒子本身，而是必需搜尋確鑿的證據，然後將所有一切再拼湊起來，以推論出它的存在。

對稱性破壞　希格斯玻色子可能會在什麼時候出現？以及我們該如何由此瞭解光子和其他玻色子？因為希格斯玻色子一定非常重，所以只在極端能量下才能出現，而根據海森堡測不準原理（參見第 102 頁），出現的那段時間確實非常短暫。理論認為，在宇宙剛形成時，所有的力都集結成一種超級力。隨著宇宙漸漸冷卻，經過名為「對稱性破壞」（symmetry breaking）的過程，四種基本力才分離開來。

雖然對稱性破壞聽來是一種相當難以想像的事，但事實上非常簡單。它標記著系統因一個事件而使對稱性消除的一點。一個例子是圓形餐桌上排放著餐巾和餐具。但如果有個人拿起餐巾，就失去了對稱性 —— 你可以區別自己相對於那個人的位置。因而，此時就發生了對稱性破壞。光是這一個事件，就可以引起效應：或許代表的是其他每個人都必需拿左邊的餐巾來配合最初的事件。如果他們剛好拿到的是另一邊的餐巾，那麼就會發生相反的事情。不過，接著而來的模式，是由觸發它的隨機事件啟動。同樣的，隨著宇宙冷卻，事件會造成力一個接著一個分離。

即使科學家無法以 LHC 偵測到希格斯玻色子，但還是出現了有趣的結果。從微中子到頂夸克，標準模型有十四個數量級的質量需要加以解釋。就算有希格斯玻色子都不容易做到，更何況現在缺少了這個成分。如果我們真的找到上帝粒子，一切都將能適當解釋，但如果沒有，標準模型就需要被修訂。此外，我們也將會需要新的物理學。我們認為自己知道宇宙裡的所有粒子，但希格斯玻色子是唯一一個失落的環節。

39 弦理論
String theory

儘管多數的物理學家很樂意使用成功的標準模型，但它還是不夠完備。所以有其他物理學家在尋找新的物理學，甚至在標準模型被檢驗是否爲眞之前就開始這麼做。在波粒二象性的現代轉折中，有一群物理學家試著將基本粒子視爲不是硬球狀、而是弦上的波，以此解釋基本粒子的模式。這樣的想法攫取了媒體的想像，此即爲目前所知的弦理論。

弦理論不滿足於基本粒子（例如夸克、電子和質子）是不可分割的能量團的說法。賦予這些粒子質量、電荷或相關能量的模式，暗指出有另一種組織的層次。這些科學家相信，這樣的模式指的是深度和諧。各個質量或能量量子都是微弦振動的諧音。因此，粒子可被想成不是固體的一點，而是振動的細長條或環狀弦。在某種程度上，這是克卜勒所愛的理想幾何固體的新反應。這就像是粒子全都是形成調和音階的音符模式，在單一條弦上演奏。

振動 在弦理論中，弦並不是像我們所知道的吉他上的弦。吉他的弦是在三維空間裡振動，或者如果我們想像把弦限制在一個平面，也可以大略說它是在二維空間裡振動。然而次原子粒子的弦就是在一個維度上振動，而不是點狀粒子的零維度。我們看不到它們的整個範圍，但為了進行數學計算，科學家在多維度（多達十或十一維）上計算弦的振動。

我們自己的世界是三維空間，還有多一維度的時間。不過弦理論認為，或許還有很多我們不知道的維度，全都蜷曲起來使得我們沒有注意到它們。

歷史大事年表

西元1921年
提出卡魯扎-克萊因理論（Kaluza-Klein theory）來統一電磁學和引力。

西元1970年
南部陽一郎（Yoichiro Nambu）利用量子力學弦描述強核力。

粒子弦就是在這些其他的世界裡振動。

弦可能有開端、或是封閉迴圈，但除此之外它們全都相同。因此基本粒子會出現的所有變化，只是來自於弦的振動模式（它的諧波），而非弦本身的材料不同。

> 有了這些額外的維度，弦因此就能以許多不同方向的多種方式振動，結果就是能夠描述我們所知的一切粒子的關鍵。
>
> 維頓（*Edward Witten*），生於 *1951* 年

特異想法　弦理論完全是個數學概念。沒有任何人看過弦，也沒有人曉得該如何確切知道是否有弦。因此，至今還沒有任何人設計出任何實驗，可以檢驗理論是否為真。有人說，有多少個弦理論家、就有多少種弦理論。這讓弦理論在科學家之間置於一個尷尬的地位。

哲學家巴柏（Karl Popper）認為，科學進步主要是靠著竄改偽造。你想出一個點子，以實驗測試，如果結果是錯的，那就排除掉某些東西，然後你就學到一些新的東西，而科學就有所進步。但如果觀察與模型相吻合，那你就沒有學到任何新的事物。因為弦理論沒有完全發展成熟，所以還沒有任何明確可被檢驗的假設。由於理論有太多的變異，所以有些科學家甚至主張弦

M 理論

弦基本上是線。不過在多維度空間裡，它們是幾何學的極限情況，可能包括面和其他多維形狀。這個廣義的理論稱之為 M 理論。M 並不代表任何單一個字詞，不過也可以是「膜」（membrane），或「謎」（mystery）。在空間中移動的粒子會潦草地畫出一條線；如果點狀粒子沾上墨水，它會留下一條線型路徑，我們稱之為「世界線」。如果是環狀的弦，則會留下柱狀的痕跡。因此，我們會說它有的是「世界面」。在這些面的相交之處，以及在弦打破和重組的地方，會有交互作用發生。因此，M 理論實際上是研究在十一維空間裡，所有這些面的形狀。

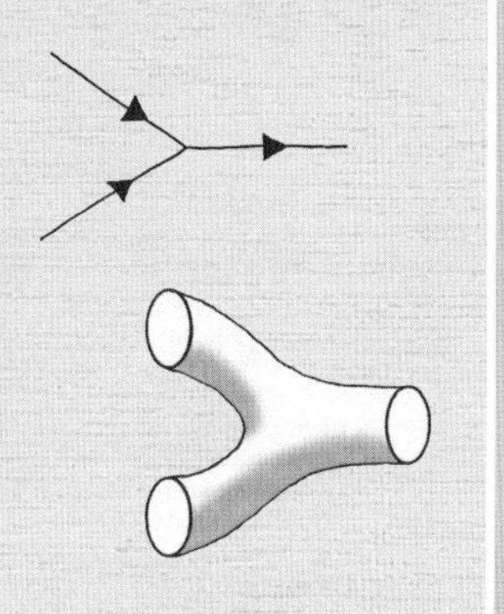

西元 1970 年代中期　量子引力理論獲得認同。

西元 1984-6 年　弦理論對所有粒子的「解釋」快速擴展。

西元 1990 年　維頓和其他人發展出十一維的 M 理論。

理論不是真正的科學。關於弦理論是否有用的爭論，充斥著學術論文甚至是報章雜誌，但弦理論者還是覺得他們的追求相當值得。

> 我不喜歡他們沒有計算所有一切。我不喜歡他們沒有檢驗自己的想法。我不喜歡只要有任何跟實驗不一致，他們就想出一個解釋來解決說：『看吧，這還是可能沒錯。』
>
> 費曼，*1918～1988*年

萬有理論　藉由試著在單一架構中解釋所有粒子和交互作用，弦理論企圖更接近「萬有理論」（theory of everything），以單一理論統合四種基本力（電磁力、引力、強核力與弱核力），並解釋粒子的質量與所有屬性。這將會是各種事物背後的深層理論。愛因斯坦在一九四〇年代開始嘗試將量子理論和萬有引力統一，但他從未成功，而之後也沒有任何人成功。愛因斯坦曾因自己的研究受到嘲笑，因為別人認為這不可能做到，只是在浪費時間。弦理論將引力帶入方程式中，它的潛力，讓人們願意花時間投入。然而，光是距離精確寫出公式，就還有一條很長的路得走，更別說是要加以證實了。

弦理論因為它的數學之美而全新竄起。一九二〇年代，卡魯扎（Theodor Kaluza）利用諧波作為另一種方式來描述粒子的某些不尋常屬性。物理學家意識到，同樣的數學也可以用來描述相同的量子現象。

本質上，波狀數學對於量子力學及其延伸的粒子物理學，都有良好的解釋。由此接著就發展成早期的弦理論。弦理論有許多版本，但距離無所不包的理論還有一段距離。

萬有理論是某些物理學家的目標，他們通常是簡化論者，認為如果你瞭解了建構元件，那麼你就可以了解整個世界。如果你瞭解一個原子（由振動的弦建構），你就可以推論出所有的化學、生物學等等。其他科學家則是認為這整個態度都顯得荒謬。原子的知識如何能告訴你關於社會理論或進化論，或是稅務問題呢？不是所有事情都可以這麼簡單地按比例增加。他們認為，這種把世界描述成次原子交互作用的無意義雜音的理論，是種虛無主義而且很不正確。簡化論者的觀點忽略了明顯的宏觀行為，像是龍捲風或混沌等各種型態，而物理學家溫伯格（Steven Weinberg）更將之描寫為「令人寒心且沒有人性。必須接受這點，不是因為我們喜歡，而是因為這就是世界運作的方式。」

弦理論，或是說「弦理論們」，仍處於變動的狀態。最終的理論還沒有出現，但物理學變得這麼複雜、包含如此豐富，也花了一些時間才到達這裡。認為宇宙響徹著許多和聲，有它的迷人之處。但這個理論的擁護者有時也瀕臨枯竭邊緣，太過專注於細節而貶低了大型模式的重要性。因此，弦理論在更強大的版本出現之前，可能會先處於邊緣地帶。不過就科學的本質來說，在不尋常的地方持續探查，其實算是一件好事。

【重點概念】 宇宙和聲

40 狹義相對論
Special relativity

牛頓的運動定律說明了多數物體如何運動，從板球、汽車到慧星。然而愛因斯坦在1905年證明，當東西運動得非常快時，會發生奇怪的效應。看著一個接近光速移動的物體，你會看到它變得較重、長度縮短，而且變老的速度比較慢。那是因爲沒有東西能比光速更快，所以時間和空間本身在接近宇宙速度極限時會扭曲。

聲波穿過空氣發出響聲，但它們的振動無法越過沒有原子的真空。因此，「在太空中，沒有人可以聽到你尖叫」（譯註：原文為 “in space no one can hear you scream”。此為電影「異形」（Alien）的經典台詞。），這句話是真的。然而，就我們所知，光可以在真空中延展，因為我們可以看到太陽和星星。太空是否充滿了特殊的介質，也就是有某一種電氣，讓電磁波得以在其中傳播呢？十九世紀晚期的物理學家這麼認為，並且相信外太空散佈著一種氣體或「以太」（ether），而讓光可以發散。

光速 然而1887年，有個著名的實驗證實了沒有以太的存在。因為地球繞著太陽運行，所以地球在太空的位置不斷在改變。如果以太是固定的，那邁克森（Albert Mihelson）和莫利（Edward Morley）設計的精巧實驗，會偵測到地球相對於以太的運動。他們比較了兩束行進不同路徑的光，兩束光互成直角射

> 關於世界最難以理解的地方在於，世界根本是完全可以理解的。
>
> 愛因斯坦，*1879～1955*年

歷史大事年表

西元1881年
邁克森和莫利無法證實以太的存在。

西元1905年
愛因斯坦發表狹義相對論。

雙生子弔詭

想像一下，如果把時間膨脹應用在人身上。這是有可能的。如果你的同卵雙胞胎被用一艘火箭送上太空，火箭的速度夠快而且在太空的時間也夠長，那他會比在地球上的你老得慢。當他回來時，他會發現你已經變老，而他仍然年輕有活力。雖然這似乎不太可能，但真的不是弔詭，因為相隔遙遠的雙胞胎會感受到強大的力量，而發生這樣的改變。由於這個時間轉移，同時發生的事件，在一個架構中看起來會跟在另一個架構並不相同。就像是時間會變慢一樣，長度也會收縮。但以光速運動的物體或個人不會注意到這兩種效應，只有觀察者才會看到如此。

向彼此，然後反射回一樣遙遠的鏡子。就像是泳者從河的這岸游到對岸、再游回去，所花的時間會比游相同距離，但前半逆流而上、後半順流而下的時間少，他們預期光束也會有相似的結果。

在此，是以河流模擬地球穿過以太的運動。然而，結果卻沒有出現這樣的差異：光束以完全相同的時間回到起始點。無論光的行進方向為何，以及地球是如何運行，光速都還是沒有改變。光的速度不受運動所影響。實驗證實，以太並不存在，不過這需要愛因斯坦來告訴我們為什麼。

就像是馬赫原理（參見第 2 頁），這個結果表示運動物體的背後沒有固定的背景網格。跟水波和聲波不同的是，光看似永遠以相同的速度傳播。這點很奇特，跟我們一般經驗的速度疊加相當不同。如果你以每小時五十公里的速度開車，當有另一台車以六十五公里的時速經過時，你會感覺像是自己靜止不動，而那台車以時速十五公里開過你旁邊。然而，就算你加速到每小時數百公里，光還是以同樣的速度行進。無論你拿著火把坐在高速噴射機裡、或是騎在腳踏車上，光速都是精確的每秒三億公尺。

就是這固定光速讓愛因斯坦感到困惑，因而讓他在 1905 年提出了狹義相對論。當時還是個瑞士專利局無名審查員的愛因斯坦，在閒暇時從零開始想出了他的方程式。狹義相對論是自牛頓之後的最重要突破，徹底改革了物

西元 1971 年

藉由飛機裡的飛行鐘證明時間膨脹。

理學。愛因斯坦一開始假設光速是個固定值，任何觀察者無論移動得多快都看起來一樣。愛因斯坦推論，如果光速不會改變，那麼一定有其他什麼東西改變來相互補償。

> 光以太將會被證實沒有必要存在，因為既沒有提出絕對靜止的空間具有特殊屬性，速度向量也跟發生電磁過程的真空中的某點無關。
>
> 愛因斯坦，*1905*年

空間與時間　愛因斯坦依循羅倫茲、斯穆特（George Fitzgeral）和彭加勒（Henri Poincaré）所發展出的概念，證明了時間和空間必需扭曲，才能容納以接近光速行進的觀察者的不同觀點。在三維空間和一維時間組成的四維世界裡，愛因斯坦的生動想像力發揮作用。速度是距離除以時間，所以要避免任何東西超過光速，距離就必需縮短而且時間就要減慢。因此以接近光速飛離你的火箭，看起來比較短而感受到的時間也比你慢。

愛因斯坦想出了對於行進速度不同的觀察者，運動定律可以如何改寫。他排除了靜止參照架構的存在，像是以太，而是說明所有運動都是相對的。如果你坐在火車裡，看著隔壁的火車移動，你可能不知道是你的火車在動、還是另一輛火車在動。此外，即便你可以看到自己坐的火車停在月台，你也無法假定你沒有移動，而只不過是相對於月台沒有運動。我們確實沒有感受到地球在繞行太陽；同樣的，我們也從未注意到太陽穿過我們星系的路徑，或是銀河被拉向巨大的處女座星系團。所能感受到的一切只有相對運動，無論是在你和月台之間、或是地球相對其他星體旋轉。

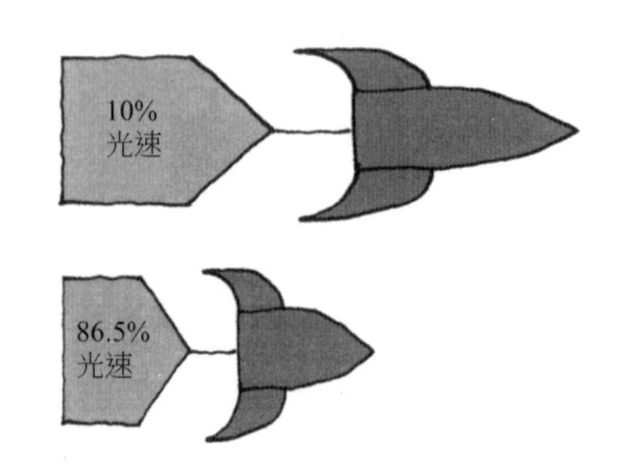

愛因斯坦將這些不同觀點稱為慣性座標系（inertial frame）。慣性座標系是以固定速度相對於另一個空間運動的空間，在這相對運動中沒有感受到加速

度或力。

因此，坐在車裡以每小時五十公里行進的你是在一個慣性座標系，如果你是在時速一百公里的火車裡（另一個慣性座標系），或時速五百公里的噴射機裡（又是另一個慣性座標系），都會有相同的感覺。愛因斯坦說明，物理定律在所有的慣性座標系裡都相同。因此無論你是在汽車、火車或飛機裡丟下你的筆，筆都會以同樣的方式掉到底部。

超光速旅行是不可能的，而且當然也不想要這樣，因為帽子會一直被吹走。

伍迪．艾倫（*Woody Allen*），*1935* 年

更慢更重 接著是要瞭解接近光速 —— 物質實際可達的最高速度 —— 的相對運動，愛因斯坦預測那時時間會減慢。時間膨脹要表達的是，在不同運動慣性座標系中的時鐘，可能以不同的速度運轉。這點在 1971 年被證實，作法是有四架各載一個完全相同的原子鐘的飛機繞著世界飛行，兩架向東飛、兩架向西飛。比較原子鐘的時間與地球上的美國時間發現，運動中的鐘比地面上的鐘慢了幾分之一秒，與愛因斯坦的狹義相對論一致。

根據 $E = mc^2$，物體無法超越光速障壁的另一個原因是質量增加。一個物體在到達光速時質量會變得無限大，因而不可能有進一步的加速度。此外，任何有質量的東西都無法達到真正的光速、只能接近光速，隨著速度越接近光速，質量會變得越重，而且變得更難以加速。光是由沒有質量的光子組成，因此不受影響。

愛因斯坦的狹義相對論跟過去的物理學有根本上的差異。質量和能量等價，以及時間膨脹與質量的一切意涵，都相當令人震撼。雖然愛因斯坦發表狹義相對論時，在科學界還沒沒無名，但普朗克讀了他的想法，或許是因為普朗克採納愛因斯坦的想法，使得這些想法受到公認而沒被冷落。普朗克看到了愛因斯坦方程式的美，將他推向世界舞台而使它享譽全球。

41 廣義相對論

General relativity

愛因斯坦將萬有引力納入狹義相對論而提出的廣義相對論，徹底改革了我們對時間和空間的看法。這個理論超越了牛頓的定律，讓我們看見了這個有著黑洞、蟲洞和引力透鏡的宇宙。

想像一個人從高樓跳下，或是從飛機上帶著降落傘跳下，都會因為引力的關係而朝地面加速。愛因斯坦理解到，在這種自由落體的狀態下，他們並不會感受到地心引力。換句話說，他們是沒有重量的。今日，太空人受訓就是以此方式創造無重力條件，他們駕駛著噴射客機（有個戲謔的暱稱叫做「嘔吐慧星」）飛行在模擬雲霄飛車的航線上。當飛機往上飛時，乘客會緊貼在座位上，此時感受到的引力更為強烈。不過當飛機頭朝下筆直飛落時，他們就會從引力的拉力中釋放，可以漂浮在機身裡。

加速度　愛因斯坦認知到，這個加速度與萬有引力的力等價。因此，正如狹義相對論對於參照架構（或慣性座標系）中發生事物的描述，以某個定速進行相對運動時，引力是處於正在加速的參照架構的結果。他將這個想法，稱作是他人生中最開心的想法。

接下來的幾年中，愛因斯坦一直在探索結果。在跟值得信賴的同事討論他的想法，並利用最新的數學形式來簡化之後，他整合出完整的引力理論，稱之為廣義相對論。

> 時間、空間和萬有引力，同時存在於物質當中。　愛因斯坦，*1915* 年

歷史大事年表

西元 1687 年
牛頓提出萬有引力定律。

西元 1915 年
愛因斯坦發表廣義相對論。

1915 年這一年，他先是發表研究成果，而後又忙於證實，且幾乎是在同一時間，他將理論修訂了好幾次。他的同事對於他的進展都感到相當詫異。理論甚至產生一些可驗證的奇異預測，包括光可以被引力場彎曲的想法，還有水星的橢圓形運行軌道，會因為太陽的引力而慢慢轉動。

時間 - 空間 在廣義相對論中，三維空間與一維時間結合成四維的時空網格，或規度（metric）。光速還是固定的，而且沒有任何東西可以超越光速。當運動和加速時，這個時空規度（space-time metric）會彎曲以保持光速不變。

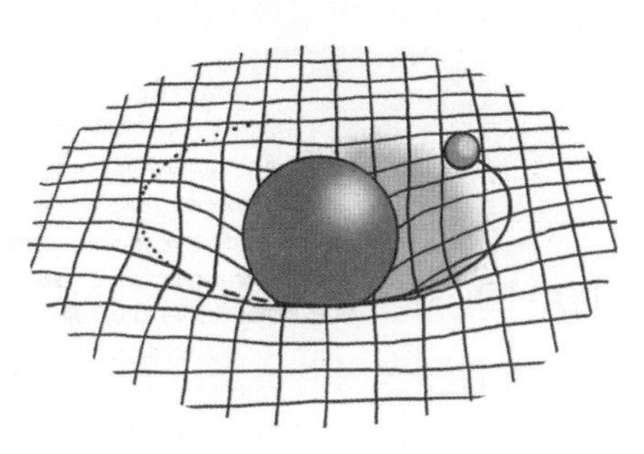

廣義相對論的最佳想像方法，是將時間 - 空間想像成一張橡膠墊片，展開鋪在一個有洞的桌面上。墊子上放著有質量的物體，像是重的球，球會壓下它們周圍的時間 - 空間。想像你放了一個代表地球的球在墊子上，它會在橡膠平面的放置處形成一個下壓狀態。如果你接著丟一個小一點的球進去，例如小行星，它就會沿著斜面朝地球滾落。這可表示小球如何感受到引力。如果小球運動得夠快，而地球的下沉夠深，那麼就像是大膽的單車手可以騎在傾斜的車道上般，那個小球也會維持像月亮一樣的圓形軌道。你可以把整個宇宙想成是一張巨大的橡膠片。每一個行星、恆星與星系都造成一個下沉，吸引或經過的小物體或使之偏斜，就像是在高爾夫球場上滾動的球。

愛因斯坦瞭解，因為這種時空的扭曲，光在經過有質量的星體（如太陽）附近時會被轉向。他預測，正好位在太陽後方的恆星，會因為發出的光在經過太陽的質量時被彎曲，而有些微的移動。1919 年 5 月 29 日，世界各地的天文學家聚集，透過觀察日全蝕來檢驗愛因斯坦的預測。這是愛因斯坦得到證實的最偉大時刻，證明了他被有些人認為是瘋狂的理論，事實上與真相相去不遠。

西元 1919 年

日蝕的觀察證實了愛因斯坦的理論。

西元 1960 年代

在太空發現黑洞的證據。

重力波

廣義相對論的另一個觀點是，在時空墊片中可以產生波。重力波可以輻射，特別是從黑洞和密集旋轉的緻密星，例如脈衝星。天文學家已發現脈衝星的自轉減慢，因此他們認為，損失的能量將會一直到轉成重力波，但目前尚未偵測到任何波。物理學家在地球和太空建造巨型的偵測器，利用超長雷射光束的預期振動，在波經過時加以定位。如果偵測到重力波，那麼這將是又一次成功地證明愛因斯坦的廣義相對論。

扭曲與洞　光線折彎，現在已被穿越宇宙的光所證實。來自非常遙遠星系的光，在經過很重的區域時，像是經過巨大星系團或相當大的星系，確實會彎曲。光的背景點會被抹糊形成一條弧形。因為這與透鏡的效果很相似，所以這個效應被稱為引力透鏡（gravitational lensing）。如果背景星系就位在沉重中介物體的正後方，那麼它的光線會被抹糊形成一個完整的圓形，稱之為愛因斯坦環。利用哈伯太空望遠鏡，目前已拍出許多像這樣壯觀的美麗照片。

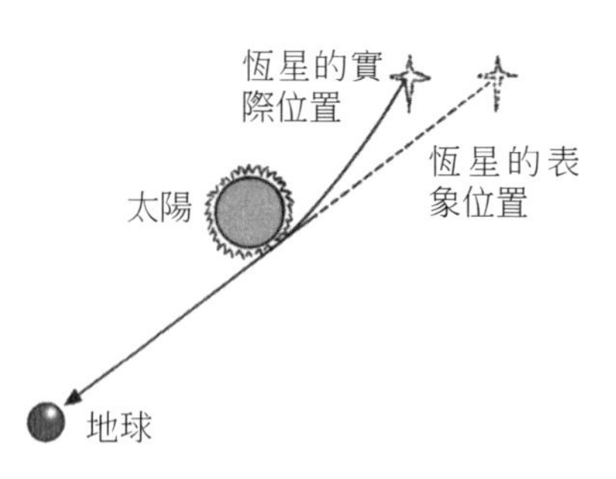

愛因斯坦的廣義相對論，現在已廣泛應用在模擬整個宇宙。時空可被想成像是一片山水景色，裡面有著丘陵、山谷和壺穴。到目前為止，廣義相對論都跟所有的觀察檢驗相符合。被測試最多的區域，是在引力最強、或者引力非常弱的地方。

> 因此，我們應該假定引力場和參考架構的相應加速度在物理上完全等價。這個假設，將相對論的原理擴展到參考架構的均勻加速運動的情況。
>
> 愛因斯坦，*1907*年

黑洞（參見第166頁）是時空墊片上極深的井。它們是如此的陡峭又深邃，所以任何靠太近的東西都會掉進去，甚至連光都是如此。它們在時空中標記著洞，或「奇異點」。時空或許也會扭曲成蟲洞或管子，不過至今還沒有人真正看過這樣的東西。

在引力非常弱的那一端，預期有可能最終會破碎成微小的量子，類似由個別光子建構元件組成的光。然而，至今還沒有人曾發現引力有任何粒子性。目前正在發展萬有引力的量子理論，但由於缺乏證據支持，所以量子理論和萬有引力的統合還是個未定之數。愛因斯坦生涯的後半都被這個希望所佔據，但是就連他都沒有辦法完成，因而挑戰仍在持續。

【重點概念】 扭曲的時空

42 黑洞
Black holes

跌進黑洞絕對不是件愉快的事，你的四肢被撕裂成碎片，你朋友看到的一切自始至終都被凍結，時間就在你落下的那一刻停止。黑洞最初被想像成逃逸速度超越光速的凍結之星，不過現在則被視爲在愛因斯坦時空墊片上的洞或「奇異點」。巨型黑洞不僅止於想像，而是位在星系的中央，包括我們所在的太陽系也有，較小的黑洞就像是死星的鬼魂，不時地擾亂太空。

如果你把一顆球往上丟，它在到達一定的高度時會往回落下。你扔得越快、它飛得就越高。如果你讓球移動得夠快，它會脫離地球的引力，颼地飛進外太空。達到這種境界的速度稱之為「逃逸速度」，地球上的逃逸速度為每秒 11 公里（或約莫每小時 25000 英里）。火箭要飛離地球，就需要達到這樣的速度。如果是在比較小的月球上，逃逸速度就比較慢：每秒 2.4 公里就可以。但如果你站在更重的星球上，逃逸速度也會增加。如果星球夠重，那麼逃逸速度可能到達、或超越光速，那麼就連光都無法從引力的拉扯中逃脫。像這樣的物體，如此緻密而沉重到連光都無法逃逸的程度，就被稱做是黑洞。

> 上帝不只是會擲骰子，而且有時還會把骰子丟到看不見的地方。
>
> 霍金，*1977* 年

事件穹界　黑洞的概念，是在十八世紀由地質學家米契爾（John Michell）和數學家拉普拉斯（Pierre-Simon Laplace）發展出來。後來，在愛

歷史大事年表

西元 1784 年代
米契爾推論出「黑星」的可能性。

西元 1930 年代
預測出凍結之星的存在。

因斯坦提出他的相對論之後，史瓦西（Karl Schwarzchild）解出了黑洞看起來會是什麼樣子。在愛因斯坦的廣義相對論中，時間與空間是相互連接、一起行動，像是張巨大的橡膠片。

引力會依據物體的質量扭曲這張墊子。重的行星停在時空中的凹陷處，其引力作用等價於你滾進凹陷所感受到的力，或許有可能扭曲你的路徑、甚至把你拉進運行軌道。

那麼，黑洞到底是什麼呢？它是一個非常深的凹坑，既深且陡到任何東西只要靠得夠近，都會直接掉落進去而再也無法出去。它是時空橡膠片上的一個洞，就像是籃球框上的網，不過你永遠都無法從這兒把球拿回去。

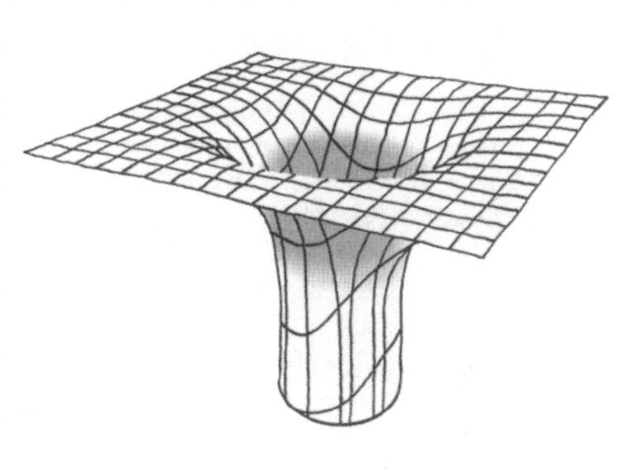

如果你遠遠經過黑洞，所走的路線可能會向著它彎曲，但你還不會掉進去。然而假如你靠得太近，那你就會盤旋著落進洞裡。就連光的光子，也同樣面臨相同的命運。分界這兩種結果的的臨界距離，稱之為「事件穹界」（event horizon）。任何進入事件穹

蒸發

或許聽來奇怪，但黑洞最終真的會蒸發掉。一九七〇年代，霍金提出黑洞並非全然的黑，而是根據量子效應會放射出粒子。質量以此逐漸喪失，因此黑洞會一直縮小直到完全消失。黑洞的能量不斷地製造出粒子對及其相應的反粒子，如果這發生在事件穹界附近，那麼有時其中一個粒子會逃逸，不過其他的粒子還是會掉進去。從外部來看，黑洞似乎在發出粒子，稱之為霍金輻射（Hawking radiation）。輻射出的能量，之後會造成黑洞逐漸縮減。這個想法仍舊只是基於理論，沒有人真正知道黑洞到底發生了什麼。黑洞的數量其實不算太少，代表這個歷程需要耗費相當長的時間，因此還是有黑洞在太空裡遊蕩。

西元 1965 年
發現類星體。

西元 1967 年
惠勒將凍結之星重新命名爲黑洞。

西元 1970 年代
霍金提出黑洞蒸發理論。

界的物體都會筆直墜入黑洞，連光也不例外。

掉進黑洞曾被描述成會被「拉成義大利麵」。因為邊緣太過陡峭，所以在黑洞中有相當強的引力梯度。如果你的一隻腳先掉進黑洞（還是希望這件事永遠不會發生），你的腳被拉扯的力道會比拉頭還大，因此你的身體會像被五馬分屍般用力扯開。除了一直旋轉運動，你還像是要從義大利麵團被拔出來的口香糖。總之，那絕對不是個該去的好地方。有些科學家曾憂心而試圖防止任何倒楣的人不小心跌入黑洞。顯然，你可以保護自己的一個方法是戴上一個鉛製的救生圈。如果救生圈的密度夠大又夠重，就會抵銷引力梯度而保住你的身體，當然還有你的性命。

凍結之星 「黑洞」這個名詞，是在 1967 年由惠勒（John Wheeler）創造，作為描述凍結之星的更好記別名。凍結之星，是在一九三〇年代由愛因斯坦和史瓦西的理論所預測出來。因為事件穹界附近的時空有奇特行為，掉落的發光物質似乎會隨著落下而減慢速度，那是由於光波到達觀察者眼中所需的時間越來越長。在經過事件穹界時，外部觀察者看到時間真的停止，因此物質在越過穹界時看來就像是時光凍結。由此，預測出正好在塌縮進事件穹界的時間點上凍結的凍結之星。天體物理學家錢卓賽卡（Subrahmanyan Chandrasekhar）預測那些質量為太陽 1.4 倍以上的星體，最終會塌縮成黑洞；然而基於包立不相容原理（參見第 118 頁），我們現在知道白矮星和中子星會因量子壓力而得以維持，所以需要超過太陽的 3 倍質量才能形成黑洞。關於這些凍結之星或黑洞的證據，直到一九六〇年代才被發現。

如果黑洞會吸收光，我們如何能看到黑洞而知道它們在那裡呢？有兩種方法可知。第一，你可以因為黑洞把其他物體拉向它們的方式來找到它們。第二，在氣體落入黑洞時，消失之前會先升高溫度而發光。科學家曾利用第一種方法，辨認出潛伏在太陽系中央的黑洞。星體經過黑洞附近會急速通過，被拋到瘦長形的運行軌道。

銀河裡的黑洞有著一百萬個太陽的質量，但被擠壓成半徑只有約莫一千萬公里（30 光秒）的區域範圍。位於星系裡的黑洞，被稱做為超大質量黑洞。我們不知道它們如何形成，但它們似乎會影響星系如何演變，因此它們或許在創世紀之初就已存在，亦或者是從數百萬顆星塌縮成一點而長成。

自然的黑洞是宇宙中存在的最完美宏觀物體：結構裡的唯一元素，是我們對時間和空間的概念。 錢卓賽卡，*1983* 年

第二種看到黑洞的方法是藉由熱氣發出的光，觀察它落下時的火光。宇宙中最亮的星星 —— 類星體，因為氣體被遙遠星系中央的超大質量黑洞吸入而閃耀發光。只有幾個太陽質量的較小黑洞，也可以從氣體落向它們而發出的 X 光被找到。

蟲洞　時空墊片上的黑洞底部有著什麼？黑洞的尾端大概就是個尖點，或者真是個洞、刺穿了墊子。然而理論物理學家也曾問過，如果黑洞跟另一個洞結合，又會發生什麼？你可以想像一下，兩個靠近的黑洞可能看來像是懸吊在時空橡膠片上的兩根長管子。如果管子結合在一起，那麼你可以想像在兩個黑洞開口之間會形成一個管子或蟲洞。穿著「救生圈」的你，或許可以跳進一個黑洞，然後從另一個黑洞蹦出來。科幻電影經常利用這個想法，在時間與空間之中穿梭。或許經由蟲洞，可以穿越到完全不同的另一個宇宙。宇宙時空轉換有無限的可能，但請別忘了帶著你的救生圈。

43 奧伯斯悖論

Olbers' paradox

爲什麼夜晚的天空是黑的？如果宇宙沒有邊際而且一直存在，那麼應該會跟太陽一樣明亮，然而實際上並不是這樣。抬頭仰望夜晚的天空，你就是看著宇宙的整個歷史。眞正的星星數量有限，代表宇宙的大小和年齡也有限制。奧伯斯悖論爲現代的宇宙學以及大爆炸模型，開啓了一條康莊大道。

你可能認為，繪製整個宇宙並觀看宇宙歷史會很困難，需要在太空中有昂貴的衛星、在遙遠山頂上有巨型的望遠鏡，或是有顆像愛因斯坦一樣的腦袋。然而事實上，如果你在晴朗的夜晚走出戶外，你就可以觀察到跟廣義相對論一樣深奧的所有一切。雖然我們把這視為理所當然，但黑暗夜空沒有跟太陽一樣明亮的這件事，就能夠讓我們知道許多關於宇宙的故事。

一閃一閃亮晶晶　如果宇宙無邊無際，往各方向無限永恆延伸，那麼我們無論向哪邊看，終究都會看到星星。每一道視線都應該結束在一顆恆星的表面。離地球更遠的地方，會有更多、更多的星星占滿了天空。就像是看過一片森林，比較靠近的地方你可以區辨出個別的樹幹，越接近的、看起來越大，不過遠處的樹林則會占滿你的視野。因此，如果森林真的十分廣大，你應該看不到森林背後的景色。如果宇宙真的是無限大，應該就會像是這樣。即使星星的間距比樹的間距大更多，但終究還是多到足以阻擋整個視野。

歷史大事年表

西元 1610 年

克卜勒注意到夜空是黑暗的。

西元 1832 年

奧伯斯想出了以他爲名的奧伯斯悖論。

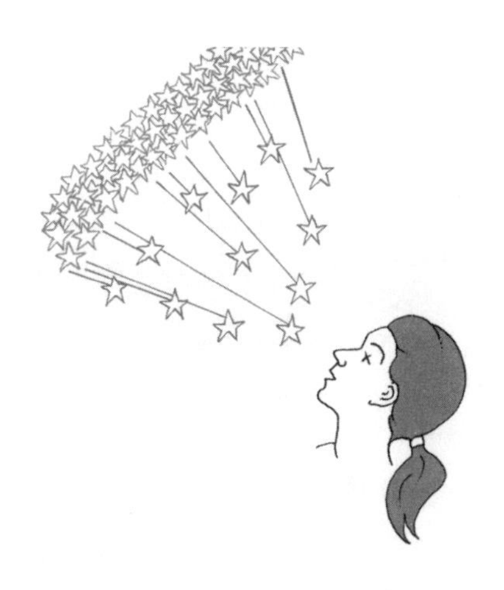

如果所有的星星都像太陽，那麼天空中的每一點都會充滿星光。雖然遙遠的單顆星星可能不夠光亮，但是在那個距離還有好多星星。如果你把所有星光都加在一起，提供的亮度會像太陽一樣，因此整個夜空應該跟太陽一樣明亮。

事實顯然並非如此。十七世紀的克卜勒注意到這矛盾的黑暗夜空，不過直到1832年，德國天文學家海因里希 · 奧伯斯（Heinrich Olbers）才清楚闡述這點。關於這項矛盾的解答都十分深奧。解釋有許多種，而各個解釋都含有一些現在已為人瞭解、且被現代天文學者採用的真相元素。然而，令人訝異的是，這麼簡單的一個觀察現象，竟然可以傳達那麼多事情。

視野的極限　夜空黑暗的第一個解釋是，宇宙並非無限廣大，而是應該在某處有個極限。因此，宇宙中的星星數量必定有限，不是每道視線最後都可對應到一顆星星。就跟站在森林的邊緣或是在小小的樹林中相類似，你可以

黑暗夜空

黑暗夜空的美，變得越來越難以得見，這都是因為來自城市的閃耀燈光。只要是晴朗的夜晚，人們抬頭仰望便可以看到整部宇宙歷史，看見整片星星在明亮發光，延伸跨越了整個宇宙。這就是名叫做「銀河」的景象，我們現在知道，當我們凝視著它，我們就是在看著銀河系的中央平面。五十年前，即便是在最大的城市，都還有可能看到最亮的星星以及條狀的銀河。但是如今，城鎮裡很難再看到任何星星，就算是在鄉村，天際視線也都被一片黃霧遮蔽。啓發了幾世代前人們的夜空景象，正在變得模糊暗淡。街上的鈉燈是主要的罪魁禍首，特別是那種向上、向下閃耀濫射的燈光。世界各國的一些團體，像是國際暗黑夜空協會（International Dark-Sky association），目前都在進行著控制光害的活動，希望能讓我們保有看見宇宙的機會。

我找到了！

愛倫坡於 1848 的詩作「我找到了」（Eureka）中觀察寫道：

「如果星系的順序是永無止境，那麼呈現在我們面前的天空背景將會是一致發光，就像是銀河系展現的那樣 —— 因為在諸如此類的背景當中，可能絕對找不到一點是沒有一顆星星存在。所以，在這樣的情況下，我們可以理解，我們的望遠鏡望向數不清的各個方向何以會看到真空，那只有一種狀態，就是假定看不到的背景是如此無邊無際的遙遠，因此從那兒來的光根本完全不能夠來到我們眼前。」

看到天空的背後。

另一個解釋可能是，距離越遠、星星的數量越少，因此它們不會加總在一起而看起來還是那麼亮。因為光以精確的速度行進，所以遙遠的星星比近處的花更長的時間才能來到我們眼前。太陽光從發出到抵達地球的時間是八分鐘，而下一個最近的恆星 —— 半人馬座 α 恆星（Alpha Centauri），則要花四年才能讓我們看到它的光。至於位在太陽系另一邊的恆星，那就需要一萬年的時間才能來到地球。來自下一個最近星系 —— 仙女座（Andromeda）的光，到達地球需要花兩百萬年，這是我們以肉眼所能見到的最遙遠物體。因此，當我們往更遠處凝視著天空時，我們是在回溯過往時間，所以遙遠恆星的年紀看起來會比近處的年輕。如果這些年輕的恆星最終變得比近處的類太陽恆星稀少，就可以幫助我們瞭解奧伯斯悖論。像太陽的恆星，壽命大約是一百億年（越大的壽命越短，而較小的活得較久），因此星星的壽命有限這件事，也可以為奧伯斯悖論做出解釋。恆星在某個特定時間之前並不存在，那是因為它們還沒有出生。因此，星星不是永遠存在。

遙遠恆星比太陽昏暗，也可能是因為紅移。宇宙膨脹會使波長延伸，造成遠處恆星的光看起來比較紅。因此，距離遙遠的星星，看起來會比近處的星星更冷一點。這也可能限制了宇宙最外緣部份的光到達我們眼前的總量。

一直有人提出古怪的想法，像是遠方的光被阻擋，阻擋者是外星文明的煤煙、鐵針或怪異的灰色塵埃。但是任何被吸收的光，都會再以熱的形式放射出來，因此會出現在光譜的某處。天文學家已檢測過黑暗夜空裡的所有光波，從無限電波到伽瑪射線，但他們沒有看到任何徵象顯示可見的星光是被阻擋。

進展中的宇宙　確實，夜空是黑暗的這個簡單觀察，就讓我們知道宇宙並非無限。宇宙只存在於有限的時間，大小也有所侷限，而其中的星星也不是永遠長存。

現代宇宙學就是基於這些概念。我們所見的最古老星星大概有一百三十億歲左右，因此我們知道，宇宙形成的時間一定在這之前。奧伯斯悖論指出，宇宙的年齡不可能比這個大太多，否則我們就應該可以看到許多更前世代的星星，然而實際上並沒有。

遙遠星系的恆星確實因為紅移而比附近的紅，這讓它們更難以用光學望遠鏡看到，但也由此證實了宇宙正在膨脹。現今已知的最遠星系十分的紅，紅到都變得無法看見，只能用紅外線波長來加以觀察。因此，所有的證據都支持大爆炸的想法，也就是說，宇宙大約是在一百四十億年前左右因為一場巨大的爆炸而生成。

【重點概念】　我們有限的宇宙

44 哈伯定律

Hubble's law

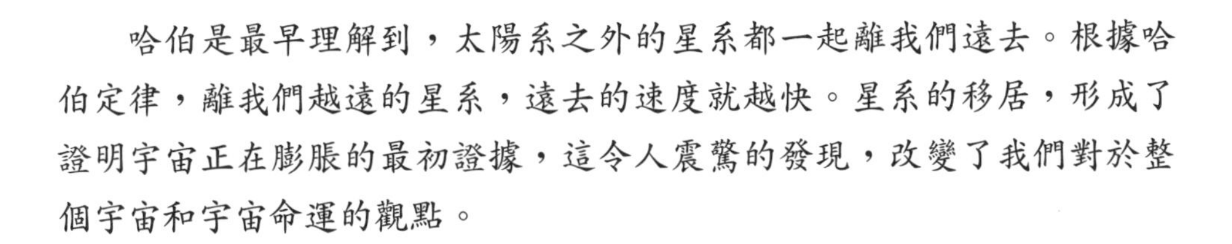
哈伯是最早理解到，太陽系之外的星系都一起離我們遠去。根據哈伯定律，離我們越遠的星系，遠去的速度就越快。星系的移居，形成了證明宇宙正在膨脹的最初證據，這令人震驚的發現，改變了我們對於整個宇宙和宇宙命運的觀點。

十六世紀，哥白尼推演出地球繞著太陽運轉，造成當時一片譁然。人類不再是居住在宇宙的正中心。然而在一九二〇年代，美國天文學家愛德溫・哈伯（Edwin Hubble）進行望遠鏡測量的結果，更是讓人感到惶惶不安。他證明整個宇宙不是靜止，而是一直在膨脹。哈伯訂定出其他星系與銀河系的距離，以及這些星系相對於我們的運動速度，他發現星系都在猛地飛離我們。銀河系在宇宙真的是不太受歡迎，只有少數幾個親近的鄰居緩慢地移向我們。離我們越遠的星系，遠去的腳步越快，移動速度跟距離成正比（哈伯定律）。而速度與距離的比例，永遠保持同一數字，此即為哈伯常數。今日的天文學家已測量這個數值，結果發現接近每百萬秒差距（megaparsec，1百萬秒差距等於 3,262,000 光年或 3×10^{22} 公尺）秒速七十五公里。因此，星系持續以這個數量在遠離我們。

> 天文學的歷史，是地平線一直遠去的歷史。
>
> 哈伯，*1938* 年

大辯論　在二十世紀之前，天文學家不太瞭解我們自己的星系——銀河系。他們測量了其中的數百顆星星，但也注意到裡面被標有許多昏暗的污

歷史大事年表

西元 1918 年　斯里佛測量星雲的紅移。

西元 1920 年　夏普力和柯蒂斯辯論銀河系的大小。

跡，稱之為星雲。這些星雲之中，有些是跟星星的誕生與死亡有關的氣體雲。

然而，有些看來不太一樣。有些外星雲的形狀是螺旋形或橢圓形，這表示它們比雲還要更有規律。

1920 年，兩位知名的天文學家對於這些星雲的源起，展開一場激烈爭辯。夏普力（Harlow Shapley）主張，天空中的一切都是銀河系的一部份，銀河系就構成了整個宇宙。另一方面，柯蒂斯（Heber Curtis）則是提出，這些星雲之中，有些是獨立的「島宇宙」或是在我們銀河系之外的「外部宇宙」。創造出的「星系」（galaxy）這個名詞，後來就只用來描述這些星雲宇宙。（譯註：創名詞時認為宇宙僅有我們所在的這個星系，所以 Galaxy 原是指稱銀河系，後來隨著其他星系的發現，而將 galaxy 泛指各個星系，銀河系則以字首大寫的專有名詞 Galaxy 表示，或另名 Milky Way。）兩位天文學家都引述證據來支持自己的觀點，而這場辯論也一直沒有平息。但哈伯後續的研究顯示，柯蒂斯的觀點才是對的。這些螺旋星雲真的是外部星系，並沒有存在於銀河系之中。突然之間，宇宙展開為一幅更為廣闊浩瀚的畫面。

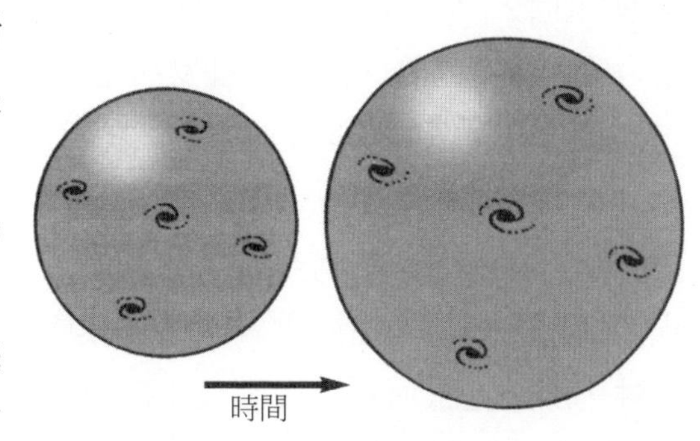

越飛越遠　哈伯利用位於威爾遜山（Mount Wilson）上一百英吋的胡克耳望遠鏡（Hooker Telescope），測量仙女座星雲裡的閃爍星星，現在已知道此星雲是螺旋星系，跟銀河非常相似，也是跟我們有關的星系團的一員。這些閃爍星星被稱為「造父變星」（Cepheid variable），在仙王座原型星之後被發現，即便到了現在，都還是極為珍貴的距離探測器。閃爍的總量和時間長短，會跟星星本身的亮度成正比，因此一旦你知道星星的亮光如何變化，你就會知道它有多亮。而知道了亮度，接著你就可以算出這顆星離我們多遠，因為離得越遠就越昏暗。就好像是看著一顆放在某個距離的燈泡，而

西元 1922 年

費德曼（Alexander Friedmann）發表大爆炸模型。

西元 1924 年

發現造父變星。

西元 1929 年

哈伯和哈瑪遜（Milton Humason）發現哈伯定律。

哈伯太空望遠鏡

哈伯太空望遠鏡無疑是史上最受歡迎的衛星觀測站。由它拍攝的星雲、遠方星系以及恆星外圍環繞的圓盤等照片在在都令人驚嘆，二十年來一直為許多新聞的頭版添增光彩。哈伯望遠鏡在 1990 年由太空梭「發現號」(Discovery) 發射，尺寸大約是雙層巴士的大小，長十三公尺、寬四公尺，重量為一萬一千公斤。承載的天文望遠鏡，鏡頭的直徑為 2.4 公尺，還有一組相機和電子偵測器，能以可見光、紫外光和紅外線拍攝出清晰無比的影像。哈伯望遠鏡的強項在於它位在大氣層之上，因此拍出的照片不會模糊。現在，哈伯望遠鏡已屆老舊，而它的命運仍在未定之天。NASA 可能將設備升級，但這需要送去一組太空人員；或是有可能結束哈伯望遠鏡的程式，運回儀器留做後世使用，或者將之安全地擊碎落入大海。

你知道那顆燈泡的功率是一百瓦，若是將那顆燈泡的亮度與你眼前的一百瓦燈泡相比較，你就能算出那顆燈泡距離你多遠。

哈伯以此方法，測量了仙女座星系的距離，它的距離遠遠超過夏普力提出的銀河系大小，因此仙女座星系一定位在銀河系之外。

這個簡單的事實，卻相當具有革命性意義。因為這代表了宇宙相當廣闊，裡面充滿了跟銀河系一樣的其他星系。如果光是把太陽放在宇宙中央就惹惱了教會和人類的感性，那麼把銀河系降級到只是數百萬個星系之一，則勢必將對人類的自尊造成更重大的騷動。

哈伯接著開始定位其他許多星系的距離。他也發現，來自那些星系的光，多數都有紅移，而紅移的量與距離成正比。紅移跟都卜勒效應（參見第 74 頁）提到的高速物體的移動相類似。他發現光的頻率（像是氫的原子躍遷）都比預期的紅，這表示這些星系都在快速地離我們遠去，就

> 在不斷增加的數量中，我們發現它們比較小也比較暗，而且我們知道我們正在觸及太空，越來越遠、越來越遠，直到我們用最大的望遠鏡偵測到的最昏暗星雲時，就是抵達了已知宇宙的最遠邊界。
>
> 哈伯，*1938* 年

像是救護車的警報聲隨著離去而音調變低。非常奇怪的是，所有的星系都在快速離開，只有「局部的」一些朝向我們移動。你看得越遠，就會發現它們遠去得越快。哈伯認為，星系不光只是遠離我們，若是這樣會使得我們在宇宙的地位確實相當特殊。而事實上，它們全都在猛烈地飛離彼此。哈伯推論，宇宙本身正在膨脹，就像顆巨大的氣球一直在充氣漲大。

星系則像是氣球上的點點，氣球膨脹得越大，不同點點之間的距離就相隔得越遠。

多遠多快？ 即使到了今日，天文學家還是利用造父變星來訂定局部的宇宙膨脹。正確測量出哈伯常數，一直是個重大的目標。為了達此目標，必需知道某樣東西有多遠，以及它的速度或紅移為何。紅移可從原子光譜直接測得。星光中特定原子躍遷的頻率，可以對照實驗室已知的波長來檢測，由差異得到紅移。距離就比較難以判定，因為需要觀察遙遠星系中的某樣東西，要不知道那樣東西的真實長度、不然就要知道它的真實亮度 ──「標準燭光」。

用來推論天文距離的方法有許多種。造父變星適用於附近的星系，可用以區分個別的星星。不過較遠的地方，就需要使用其他的技術。所有不同的技術都可一個個連在一起，整合成巨型的測量桿，或是「距離梯級」。但是因為每個方法都有其特性怪癖，因此延伸的梯級在準確性方面還有許多不確定性。

哈伯常數現在已知的準確性大約是百分之 10，這樣的結果主要是感謝有哈伯太空望遠鏡對星系的觀察，以及宇宙微波背景輻射。宇宙的膨脹始於大爆炸 ── 一場創造出宇宙的爆炸，而從那時起，星系們就一直在飛離彼此。哈伯定律設定了宇宙年齡的極限。因為宇宙一直在膨脹，如果你追蹤回溯到膨脹的起始點，可以算出那是在多久之前，得到的結果是一百四十億年。幸運的是，這個膨脹速率還不足以打破宇宙。宇宙目前處於微細的平衡中，介於完全炸裂開來和保有足夠質量而最終自行塌縮之間。

【**重點概念**】 不斷膨脹的宇宙

45 大爆炸

The big bang

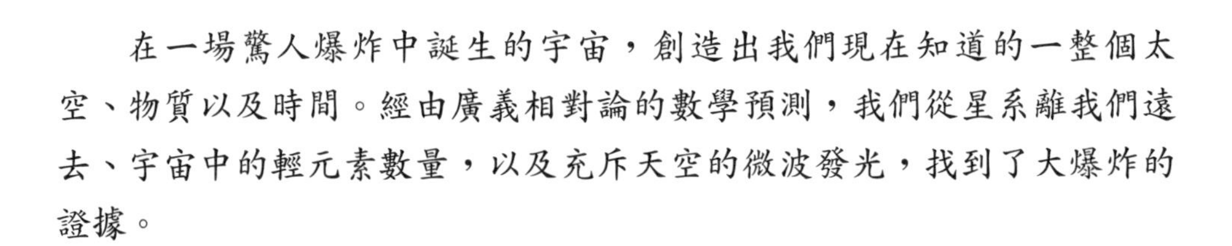
在一場驚人爆炸中誕生的宇宙，創造出我們現在知道的一整個太空、物質以及時間。經由廣義相對論的數學預測，我們從星系離我們遠去、宇宙中的輕元素數量，以及充斥天空的微波發光，找到了大爆炸的證據。

大爆炸是終極爆炸：宇宙的誕生。現今我們環顧四周，可以看到我們的宇宙一直在膨脹的現象，因而推論宇宙在過去一定比較小、比較熱。經由邏輯推導的結論顯示，整個宇宙可能源起於單一個點。在引燃的時刻，時間、空間和物質一起在宇宙火球中被共同創造出來。這朵灼熱、緻密的雲經過一百四十億年的時間，慢慢逐步地脹大和冷卻。最終，它斷裂生成許多恆星與星系，滿滿點綴在今日的天空。

不是開玩笑 「大爆炸」這個名詞本身，實際上是在玩笑中創造出來。著名的英國天文學家霍伊爾（Fred Hoyle）認為，整個宇宙是由一顆小小種子長成的這種想法，相當荒謬可笑。在他 1949 年剛開始進行一系列的演講時，他對於比利時數學家勒箆特爾（George Lemaître）的論點相當嘲弄，這位數學家是以愛因斯坦的廣義相對論方程式找到這樣的解答。相反的，霍伊爾傾向於相信較為永續的宇宙版本。在他的長期「穩態」宇宙中，物質和空間持續被製造和摧毀，因此可能已存在了無限長的時間。即便如此，但一直有線索在累積，到了一九六〇年代，霍依爾的穩態說法終於讓步，因為得到的證

歷史大事年表

西元 1927 年
費德曼和勒箆特爾提出大爆炸理論。

西元 1929 年
哈伯偵測到宇宙膨脹。

西元 1948 年
預測出宇宙微波背景。阿爾
伽莫夫計算出大爆炸製核理論

據都在在證實了大爆炸理論。

> 把電視轉到任何一個沒有節目的頻道時，你所看到的跳躍靜電，大約有百分之一是因為大爆炸留下的遺跡。下次當你抱怨沒什麼節目好看時，請記住，你永遠都可以看到宇宙的誕生。
>
> 布萊森（*Bill Bryson*），2005 年

膨脹中的宇宙 讓大爆炸模型成功勝出，有三個重要的觀察結果。第一是哈伯在一九二〇年代的觀察，他發現多數星系都在遠離我們的銀河系。從遠處看，所有星系都彼此越飛越遠，就好像時空這一塊布遵循著哈伯定律一直在被拉開、擴張。伸展的一個結果是，光在穿越膨脹中的宇宙時，來到我們眼前所花的時間，會比固定行徑距離稍稍增加一些。這個效應被記錄為光的頻率遷移，因為我們看到的光比它離開遙遠恆星或星系時紅一點，所以稱之為「紅移」。紅移可用來推論天文距離。

輕元素 把時間倒回宇宙新生的最初時間，就是在大爆炸之後不久，那時的所有一切全都一起擠在沸騰的超熱汽鍋裡。在第一秒內，宇宙相當灼熱而且緻密，因此連原子都無法穩定。隨著宇宙成長與冷卻，先出現了粒子湯，裡面的原料有夸克、膠子和其他基本粒子（參見第 142 頁）。就在一分鐘後，夸克黏在一起形成質子和電子。接著，在最初的三分鐘之內，宇宙化學根據各自的相對數混合質子和中子，形成了原子核。這是氫之外的其他元素藉由核融合首次成形。一旦宇宙的溫度冷卻到融合極限，就無法再形成比鈹更重的元素。因此，宇宙一開始充滿著大爆炸本身製造的氫原子核、氦原子核以及微量的氘（重氫）、鋰和鈹。

一九四〇年代，阿爾法（Ralph Alpher）和伽莫夫（George Gamow）預測部份的輕元素是在大爆炸中產生，這個基本現象一直都受到證實，即使是近期對於我們銀河系的緩燃星和原始氣雲的測量，也能加以證實。

微波發光 另一個支持大爆炸的實證，是在 1965 年發現大爆炸本身的微弱回聲。彭齊亞斯（Arno Penzias）和威爾遜（Robert Wilson）一直在研究貝爾實驗室（位於新澤西州）所接收到的無線電波，他們對於其中無法擺脫的

西元 1949 年
霍伊爾創造出「大爆炸」（big bang）這個專有名詞。

西元 1965 年
彭齊亞斯和威爾遜偵測到宇宙微波背景。

西元 1992 年
COBE 衛星測量到宇宙微波背景分布。

微弱噪音訊號深感困惑。天空中似乎有額外的微波來源，等同於某個有幾度溫度的東西。

在跟附近普林斯頓大學的天體物理學家迪克（Robert Dicke）討論之後，他們瞭解到，他們的訊號與大爆炸餘輝的預測相符合。於是，他們碰巧發現了微波背景輻射，這是由相當年輕的炙熱宇宙所遺留下來的一大片光子。至於建造相似的無線電波天線尋找背景輻射的迪克，可就沒那麼高興了，他嘲弄地說：「老弟，我們被別人搶先了一步。」

在大爆炸理論中，伽莫夫、阿爾法和赫爾曼（Robert Hermann）已於 1948 年預測出宇宙背景輻射的存在。雖然原子核是在最初的三分鐘內合成，但後來經過了四十萬年都還沒形成原子。最後，帶負電的電子與帶正電的原子核配對，製造出氫原子和輕元素。散射和遮蔽光徑的帶電粒子移除後，宇宙的雲霧消散而變得透明。從那之後，光可以自由穿越整個宇宙，讓我們看得很遠、很遠。

大爆炸時間軸	
↑ 時間	**137 億年**（大爆炸後）現在（溫度 T = 2.726 K）
	2 億年「再游離」：第一顆恆星加熱並離子化氫氣（T = 50 K）
	38 萬年「再結合」：氫氣冷卻形成分子（T = 3,000 K）
	1 萬年 輻射主導時代結束（T = 12,000 K）
	1000 秒 中子衰變（T = 5 億 K）
	180 秒「製核」：由氫形成氦和其他元素（T = 10 億 K）
	10 秒 電子 - 正電子湮滅（T = 50 億 K）
	1 秒 微中子去耦（T ～ 100 億 K）
	100 微秒（百萬分之一秒）介子（pion）湮滅（T ～ 1 兆 K）
	50 微秒「量子色動力學（QCD）相變」：夸克結合成中子和質子（T = 2 兆 K）
	10 皮秒（百億分之一秒）「弱電相變」：電磁力和弱核力成為不同的力（T ～ 1-2 千兆 K）
	在這時間之前，溫度高到連我們的物理知識都無法判定。
大爆炸	

雖然年輕宇宙的雲霧一開始很熱（大約凱氏三千度），但宇宙膨脹使得灼熱光紅移，因此我們今日看到的宇宙溫度不到凱氏三度（比絕對零度高三

度）。這就是彭齊亞斯和威爾遜的發現。由於這三個重大基礎到目前依舊完好無缺，因此大爆炸理論廣為多數的天體物理學家所接受。還有少數仍在追尋吸引霍依爾的穩態模型，但這些觀察結果很難使用任何其他的模型來解釋。

> 宇宙存有協調一致的計畫，但是我不知道這個計畫的目的是什麼。
>
> 霍伊爾，*1915～2001*

過去和未來　大爆炸之前發生了什麼？因為時間 — 空間是在這之中才製造出來，所以提問這樣的問題並不是真的很有意義，有點像是在問「地球從哪裡開始？」或「地球北極的北方是什麼？」然而，數學物理學家確實利用 M 理論和弦理論的數學，仔細研究多維度空間（通常是十一維度）裡的大爆炸如何觸發。這些研究者探詢物理學和弦的能量，以及多維度的膜，並且加入粒子物理學和量子力學的概念，試圖觸發這樣一個事件。與量子物理學概念並存的是，有些宇宙學家也討論平行宇宙的存在。

大爆炸模型中不同於穩態模型的是，其中的宇宙會不斷演化。而主要支配宇宙命運的則是，由引力將之拉在一起的總物質量與把它拉開的其他物理力（包括宇宙膨脹）之間的平衡。如果引力獲勝，那麼宇宙的膨脹可能終究有一天會停止，可以開始自行向內塌縮，最終結果便是大爆炸的逆轉，稱之為大崩塌（big crunch）。宇宙可能歷經許多這樣的生、死循環。亦或者，如果膨脹和其他排斥力（如暗能量）贏得勝利，這些力最終會將所有的恆星、星系和行星拉開，而我們的宇宙可能結束在黑洞和粒子的黑暗沙漠，這就是大寒冷（big chill）。新近有所謂的「歌蒂菈宇宙」（Goldilocks universe）（譯註：出自童話故事「三隻熊」，故事中的女主角歌蒂菈（Goldilocks）在森林中無意闖入三隻熊的家，嫌家裡的麥片粥一碗太冷、一碗太熱，後來只吃掉小熊那一碗不冷也不熱的麥片粥，由此引伸為不冷不熱），其中吸引和排斥的力相互平衡，宇宙不停地持續膨脹但逐漸減緩。現代宇宙學認為的「歌蒂菈宇宙」這個結局，應該是最有可能的狀態。我們的宇宙剛剛好，不冷也不熱。（譯註：原文是 Our universe is just right，對應「三隻熊」故事裡的句子：The porridge is just right!）

【重點概念】 終極爆炸

46 宇宙膨脹
Cosmic inflation

爲什麼宇宙四面八方看起來都一個樣？還有爲什麼當平行光線橫越太空時，它們還是保持平行，所以我們會看到個別的星星？我們認爲的答案就是膨脹，這個概念是幼年宇宙脹大得非常快，轉瞬間就抹平了皺紋，而後續的膨脹則剛好與引力相平衡。

我們居住的宇宙相當特殊。當我們往太空望去時，我們看到的是清楚的大量星星和遠距星系，完全沒有扭曲失真。若反過來看到的是扭曲的星星，也可能相當容易。愛因斯坦的廣義相對論將引力描述為扭曲的時空墊片，光線在上面沿著彎曲路徑行走（參見第 162 頁）。因此，光線有可能變得紊亂，而我們看出去的宇宙就可能看起來扭曲，像是整條走廊上的許多鏡子反射。但總體而言，除了在它們繞過星系邊緣時有奇怪的偏向，光線大約都傾向以直線直接穿越宇宙。

平坦性　雖然相對論認為時空是彎曲表面，但天文學家有時將宇宙描述成「平坦」的，表示平行光線無論在太空中行進得多遠，都會保持平行，就像是它們沿著平坦的平原前進一樣。時空可被想像成一張橡膠墊片，重的物體會把墊子往下壓而停在墊子的下沉處，這代表引力。

> 俗話說，天下沒有白吃的午餐。不過，宇宙是最大的免費午餐。
>
> 古斯（*Alan Gurth*），生於 *1947* 年

歷史大事年表

西元 1981 年

古斯提出宇宙膨脹。

西元 1992 年

COBE 偵測到熱和冷的斑塊並測量它們的溫度。

宇宙幾何學

從最新的微波背景觀察，像是 2003 年和 2006 年的威金森微波異向性探測器（Wilkinson Microwave Anisotropy Probe，WMAP）衛星觀察結果，物理學家已經能夠測量整個宇宙的時空形狀。藉由比較微波天空的冷、熱斑塊大小與大爆炸理論對其所做的預測長度，物理學家們證實宇宙是「平的」。即便橫越整個宇宙的旅程長達數十億年，平行發出的光束還是會一直保持平行。

事實上，時間 - 空間有更多維度（至少有四維：三維空間和一維時間），不過這樣很難想像。這個結構在大爆炸之後，也一直在持續擴張。宇宙幾何學就像是這樣，這張墊子就像是桌面，大部分都是平的，但這裡、那裡，各處都會因為物質形態而多多少少有些下沉和隆起。因此，光跨越宇宙的路徑就相對不受影響，只是在遇到重的物體時要繞路而行。

如果有太多的物質，那所有物質都會將墊子壓下，而最終使墊子本身折疊起來，反轉了膨脹。在這樣的情況下，一開始平行的光線最終會聚集而交會在一點。然而，實際上我們的宇宙似乎介於兩種情況的中間地帶，剛剛好有足夠的物質可以讓宇宙結構在穩定擴張的過程中還能結合在一起。因此，

微波背景

一項涵蓋所有問題的觀察資料，就是宇宙微波背景輻射。這個背景是大爆炸火球的餘暉，現在則紅移到溫度為凱氏 2.73 度。整個天空的精確溫度是凱氏 2.73 度，其中不同於這個溫度的冷、熱斑塊溫差只有十萬分之一。直到今日，這個溫度測量還是對於任何單一溫度的物體能測得的最準確溫度。這種均一性著實令人驚訝，因為當宇宙還很年輕的時候，遙遠的區域之間就算以光速都還是無法彼此溝通。因此，它們竟然有完全一致的溫度，這確實是個難解的謎。溫度的微小變化，是年輕宇宙中量子振盪所留下的化石印記。

西元 2003 年

WMAP 定位宇宙微波背景輻射。

宇宙看起來處於精確平衡的狀態（參見上頁「宇宙幾何學」），

同一性　宇宙的另一項特徵是往各個方向看去都差不多。星系並沒有集中在一個點，它們零散分佈在各個方向。起初似乎不覺得這有什麼令人驚訝，但其實真的是出於意料之外。難解之處在於，宇宙那麼大而兩端相距如此遙遠，就算是以光速，應該也無法彼此溝通。宇宙只存在了一百四十億年，但要整個橫越得耗時一百四十億光年以上。因此就算是光以最快的速度行進，時間還是不足以從這一端到達另一端。既然如此，那麼宇宙的一端如何知道另一端看起來應該像什麼樣子呢？這就是「視界問題」（horizon problem），其中的「視界」是光自宇宙誕生後已行經的最遠距離，標記出一個發光球體。因此，宇宙裡有些區域是我們不能、而且永遠無法看到的，因為從那兒出發的光還沒來得及走到我們眼前。

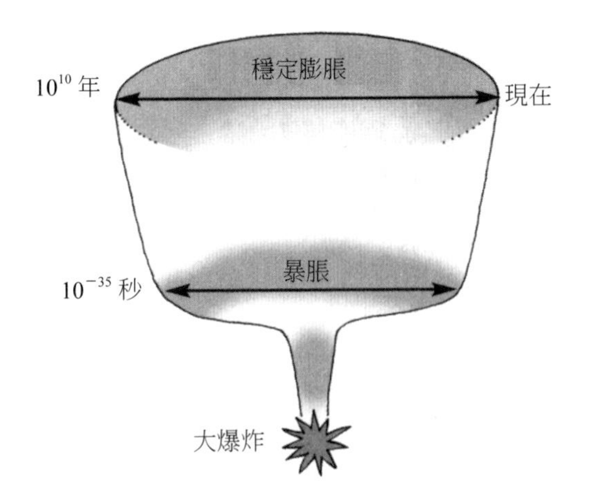

平滑性　宇宙也十分平滑。整個天空的星系分布得相當均勻。如果你瞇起眼看，會看到它們形成一片均一亮光，而不是這一塊、那一塊的少數幾塊大斑。又再一次，這並非一向都得如此。星系因為引力而隨時間成長。它們始於大爆炸遺留氣體中的一個稍稍過密的點。那個點因為引力而開始塌縮，形成恆星，最終建構出星系。

會有星系的原始過密種子，是因為量子效應，也就是炙熱的初生宇宙裡，粒子能量的微小轉移。然而，它們很有可能擴展到製造出大型的星系斑塊，像是張乳牛的皮，而不像我們知道的廣佈海洋。星系分布之中有許多小丘，而不是有幾個巨大山脈。

瞭解到物理定律能夠描述萬事萬物如何從隨機的量子振盪中無中生有，以及物質如何在一百五十億年的歲月間組織成這樣的複雜形式，而出現人類能坐在這裡聊天、進行有意識行為，這實在是太美妙了。

古斯，生於 *1947* 年

成長陡增　宇宙的平坦、視界和平滑問題，都可以用一個概念獲得解決：暴脹（inflation）。1981 年，美國物理學家古斯（Alan Guth）提出暴脹作為解答。視界問題，也就是宇宙即便大到不可得知，但往四面八方看起來都還是一樣，表示宇宙一定在某個時間點曾經非常的小，因而其中所有區域的光可以彼此溝通。由於現在的宇宙不再像是這樣，因此必定是後來膨脹得非常快速，成長到我們現在所知的浩瀚宇宙。但是這段膨脹的期間一定極其短暫，一定要比光速還快。在轉瞬間膨脹兩倍、四倍、八倍 …… 快速膨脹，抹去了量子振盪形成的微小密度變化，就像是氣球上的圖案，隨著膨脹而逐漸變模糊。因此，宇宙變得平滑。暴脹的過程也解決了引力和最終膨脹之間的後續平衡，在那之後的膨脹速度就放慢了許多。暴脹幾乎是在大爆炸火球之後就立刻開始（10^{-35} 秒後）。

暴脹還沒有得到證實，而它的最終成因也還沒被完全瞭解 —— 有多少理論就有多少模型，然而瞭解這點，便是下一代宇宙學實驗的目標，其中包括提出更精細的宇宙背景微波輻射地圖及其偏極性質。

【**重點概念**】　宇宙的成長陡增

47 暗物質

Dark matter

宇宙中的物質有百分之90是暗的不會發光。暗物質是藉由引力效應偵測，但它很難跟光波或物質產生交互作用。科學家認爲，暗物質可能的形式爲MACHO、失敗的恆星、氣態的行星，或WIMP── 奇特的次原子粒子。目前，搜尋暗物質仍屬於物理學界尚待開發的邊疆領域。

暗物質聽起來相當奇特，或許它確是如此，但它的定義卻十分直接了當。我們在宇宙中看到的多數東西都會發光，因為它們會發散或反射光。恆星藉由發出光子而閃爍，行星則是反射太陽的光而閃耀。若沒有光，我們就完全看不見它們。當月球走進地球的陰影時會變暗；而當恆星燒光時，遺留下的外殼則太過暗淡也不再可見；即便是像木星一樣大的行星，如果它遠遠偏離了繞行太陽的軌道，我們亦將看不到它的身影。因此，或許宇宙中的多數東西不會發光，這點並不那麼令人驚訝。這就是暗物質。

黑暗面　雖然我們無法直接看到暗物質，但我們可以藉由它對其他天文物體的引力拉力來偵測它的質量。就算我們不知道天空某處有個月球，但我們還是可以因為它的引力微微扯動地球的運行軌道，推論出它的存在。我們甚至曾將引力誘發的擺動應用在母星上，以此發現了繞行遙遠恆星的行星。

一九三〇年代，瑞士天文學家茲威基（Fritz Zwicky）發現附近有個巨型星系團，它的行為方式顯示它的質量遠遠大於其中所有星系的每個星星的重量總和。他由此推論，整個星系團中有些未知的暗物質，而這些暗物質的

歷史大事年表

西元1933年

茲威基在后髮座星系團（Coma cluster）中測量到暗物質。

西元1975年

魯賓（Vera Rubin）證實星系自轉受到暗物質的影響。

能量預算

今日我們已知，宇宙中只有百分之 4 的物質是由重子（包含質子和中子的一般物質）組成。另外有百分之 23 是奇特的暗物質。我們確實知道，它不是由重子組成。至於它的組成是什麼就很難瞭解，但有可能是像「弱作用大質量粒子」（WIMP）的粒子。至於宇宙能量預算的剩餘其他部份，則全部都是暗能量。

質量約為發光物質、發光恆星和熱氣總和的四百倍。

暗物質的總量如此龐大，相當令人訝異，因為這表示宇宙裡有大部分不是星星和氣體，而是其他的東西。那麼，這些黑暗的東西是什麼呢？還有，它到底藏在哪裡呢？

個別螺旋星系中也有消失的質量。如果星系的質量，剛好跟它內部所有的星星質量總和等重，那麼外部氣體不應該旋轉得那麼快。因此，這樣的星系，應該比只看到有光的預期質量還重。同樣的，額外的暗物質必需是可見星星、氣體的好幾百倍。暗物質不只是遍佈於整個星系，它的質量也相當龐大，因此支配了其中每顆星星的運動。暗物質甚至會擴展超越星星，填滿各個扁平螺旋星系盤周圍的球形「暈」或泡泡。

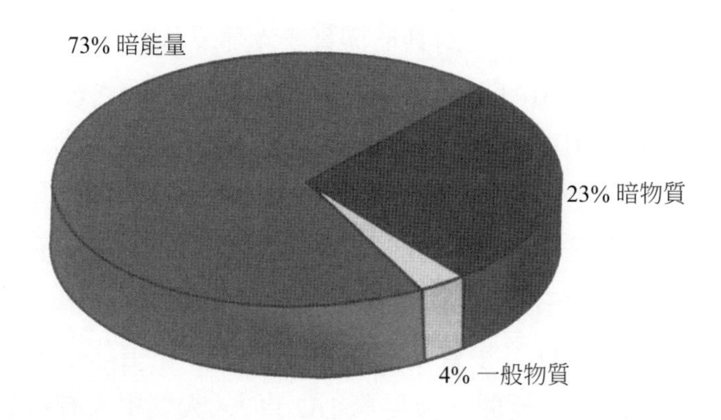

西元 1998 年

推論出微中子有微小質量。

西元 2000 年

在銀河系偵測到 MACHO。

重量增加　目前天文學家不只是在個別星系中找到暗物質，而且發現它的蹤跡也出現在星系團（包含數千個因相互引力結合的星系）以及超星系團（延伸跨越整個太空的巨網裡的一連串星系團）。

> 宇宙主要是由暗物質和暗能量組成，而我們對這兩者都一無所知。
>
> 波麥特（*Saul Perlmutter*），*1999* 年

無論何種層次，只要有引力作用的任何地方，就有暗物質。如果我們把所有的暗物質加總起來，我們會發現暗物質的質量是發光物質的好幾千倍。

整個宇宙的命運，仰賴它自己的整體重量。引力的吸引，抵銷掉宇宙在大爆炸之後的膨脹。有三種可能的結果。第一，宇宙太重而引力獲勝，因此最終塌縮回自己本身（封閉宇宙的結局是大崩塌）；第二，質量太小而不斷膨脹（開放宇宙）；第三種則是宇宙精確地平衡，膨脹因引力而逐漸減緩，儘管經過這麼長的時間還是從未停止。最後一種似乎是我們宇宙的最好選擇，質量不多不少，剛剛好能減緩、但永遠不會終止膨脹。

WIMP 和 MACHO　暗物質可能是由什麼組成？首先，暗物質可能是暗氣雲、暗淡星，或無光照行星，這些被稱做是「大質量緻密暈天體」（Massive Compact Halo Objects），簡稱為 MACHO。另外，暗物質可能是一種新的次原子粒子，稱之為「弱作用大質量粒子」（Weakly Interacting Massive Particle），簡稱做 WIMP，實際上對其他物質或光都沒有影響。

天文學家已經發現有 MACHO 在我們的銀河系裡漫遊。因為 MACHO 很大，跟木星差不多，所以它們可因為自身的引力效應而被個別認出。如果有大的氣體行星或失敗恆星在背景星前面經過，引力會使周圍的星光折彎。而當 MACHO 在恆星的正前方時，彎曲的光會聚焦，因此恆星會在 MACHO 經過時看起來變亮許多，這個現象稱之為「引力透鏡」。

根據相對論，MACHO 行星會扭曲時空，就像一顆重球把橡膠片向下壓沉，使得周圍的光的波前彎曲（參見第 162 頁）。天文學家尋找著前進的

MACHO 經過百萬顆背景恆星所出現的增亮現象。

他們已經發現一些這樣的光耀，不過還是太少，不足以解釋銀河系中的所有質量消失。

MACHO 是由一般物質（或重子）組成，構成有質子、中子和電子。宇宙中重子數量的極限，可由追蹤重氫同位素（氘）得知。氘只在大爆炸中生成而不會由後來的恆星形成，不過恆星中可以燃燒氘。因此，由於現已確切知道氘的生成機制，所以藉由測量太空中原始氣雲裡的氘的數量，天文學家可以估計大爆炸製造的質子和中子總數。結果發現，整個宇宙中物質所佔的比例只有少數。如此看來，其他的部分勢必以完全不同的形式存在，例如 WIMP。

尋找 WIMP 是目前所關注的焦點。因為它們的弱作用，所以這些粒子本質上相當難以偵測。其中的一個候選人是微中子。過去十年來，物理學家測量了微中子的質量，發現它的質量雖然非常小，但並不等於零。微中子組成宇宙的某些質量，但仍然不是全部。因此，還有更多其他的奇特粒子等著我們去發掘，一些在物理學界屬於全新的粒子，像是軸子（axion）和伴光子（photino）。對暗物質的瞭解，或許終能點亮整個物理學世界。

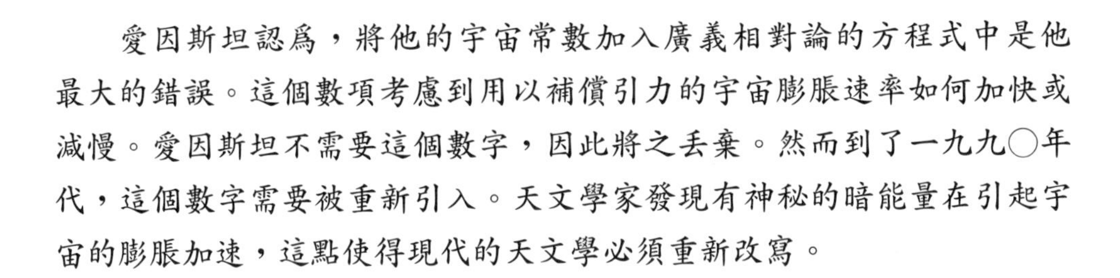

48 宇宙常數

Cosmological constant

愛因斯坦認爲，將他的宇宙常數加入廣義相對論的方程式中是他最大的錯誤。這個數項考慮到用以補償引力的宇宙膨脹速率如何加快或減慢。愛因斯坦不需要這個數字，因此將之丟棄。然而到了一九九〇年代，這個數字需要被重新引入。天文學家發現有神秘的暗能量在引起宇宙的膨脹加速，這點使得現代的天文學必須重新改寫。

愛因斯坦認為我們住在一個穩態的宇宙，而不是曾有過大爆炸的宇宙。為此嘗試寫下方程式時，他遇到了問題。如果只有引力，那宇宙的一切終究會塌縮為一個點，或許是個黑洞。顯然，真實的宇宙並不像是那樣，而是顯得穩定。因此，愛因斯坦在他的理論中加了一個數項來平衡引力，此即所謂的相斥的「反引力」。他提出這個數項，純粹是為了讓方程式看來正確，並不是因為他知道有這種力。但這個構想立刻出現問題。

如果引力有個反作用力，那麼就像不受限制的引力會造成塌縮，反引力也可能一樣輕易地增強到把宇宙撕裂開來，無法再以引力把彼此黏在一起。為了不讓宇宙被這樣撕成碎片，愛因斯坦選擇忽略他的第二個相斥數項，承認自己把它加入是個錯誤。

其他物理學家也偏向將之排除，讓它成為歷史。或者說，他們是這麼認為。但這個數項並沒有被遺忘，仍被保留在相對論的方程式裡，只不過數值（宇宙常數）設為 0 而不予考慮。

歷史大事年表

西元 1915 年

愛因斯坦發表廣義相對論。

西元 1929 年

哈伯證明太空在膨脹，而愛因斯坦丟棄他的常數。

加速的宇宙 一九九〇年代，兩組天文學家定位遙遠星系裡的超新星，用以測量太空幾何學，他們發現，遠距超新星看起來比應該有的樣子暗淡一些。超新星是正在死去的恆星最後一場華麗的爆炸，出現的形態有很多種。Ia 型超新星的亮度可以預測，因此可用於推論距離。就像是造父變星被用於測量星系距離而建立哈伯定律一般，Ia 型超新星的本質亮度可藉由光譜算出，因此有可能知道它們的距離多遠。這種方法對於計算距離不遠的超新星很有用，但是較遠的超新星會太過模糊暗淡，就好像比它們應該在的位置還要遙遠。

隨著越來越遠的超新星被發現，隨距離變化的暗淡模式開始指出，宇宙並不是如哈伯定律所說的穩定膨脹，還是在加速膨脹。這在天文學界引起了很大的震撼，直到今日還在尋求解套。

> 七十年來，我們一直在嘗試測量宇宙減慢速度為何。我們終於做到了，結果發現，宇宙其實是在加速。
>
> 特納（*Michael S. Turner*），*2001* 年

超新星的結果相當吻合愛因斯坦的方程式，但必需引入一個負項，且把宇宙常數從 0 提高到 0.7 左右。超新星的結果加上其他的宇宙資料（像是宇宙微波背景輻射模式）證明，有必要加入新的排斥力來平衡引力。然而，這是個相當微弱的力。這個力為何如此微弱，到今天還是個謎，因為沒有特殊理由說明它的值為什麼不大一點，而或許還超越引力、完全支配宇宙。

相反的，它的強度跟引力十分接近，因此對於時空有著我們現今看到的微妙影響。這個負能量數項被定名為「暗能量」。

暗能量 目前，暗能量的起源還難以理解。我們唯一知道的是，它是一種跟自由太空的真空有關的能量形式，會造成缺乏引力吸引物質的區域產生負壓。因此，它會使得真空的空間區域膨脹。我們從觀察超新星可約略知道它的強度，但也就僅止於此。我們不知道它是否真的是個常數，亦即它是否在宇宙的整個時空都一直保持相同數值（就像是引力和光速）；亦或者，它的

西元 1998 年

超新星資料指出宇宙常數的必要性。

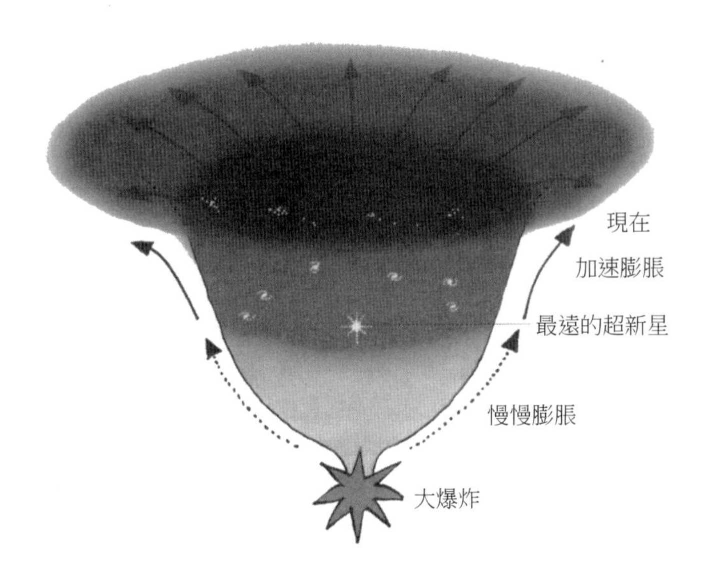

數值是否隨時間改變，因此在爆炸發生後的當下與現在和未來都有不同數值。暗能量較為一般的形式，也被稱做是「第五元素」（quintessence）或第五力，包含其強度可能隨時間變化的所有可能方式。然而，現在還是不知道這難以理解的力本身如何顯現，或者是它如何在大爆炸的物理學中生成。

現今，我們對於宇宙幾何學與其組成有了更多的瞭解。暗能量的發現，平衡了宇宙論的帳冊，補足了整個宇宙中能量預算不足的部份。因此，我們現在知道宇宙有百分之 4 是一般重子物質、百分之 23 是奇特的非重子物質（暗物質），而另外百分之 73 則是暗能量。

這些數字加總起來，差不多剛好等於平衡的「歌蒂菈宇宙」的全部總量，也接近宇宙既不開放、也不封閉的臨界質量。

然而，暗能量的神秘性質意味著，即使知道宇宙的總質量，還是很難預測它進一步的行為，因為這取決於暗能量的影響力在未來是否增加。

> 它（暗能量）似乎是跟空間本身有所關聯的某樣東西，不像暗物質受引力吸引，暗能量的效應有點相反，跟引力對立，造成宇宙被自己排斥。
>
> 施密特（*Brian Schmidt*），*2006* 年

如果是在宇宙正加速的這個時刻，暗能量支配宇宙的重要性不過就跟引力一樣。但如果有某個時刻，加速度變得更高，引力將會被更快的膨脹取代。如此一來，宇宙的命運很有可能是以越來越快的速度，一直不斷地膨脹、擴大。曾有人提出恐怖的故事發展：引力一旦被超越，那麼僅靠微弱力量結合在一起的塊狀結構將會解離飛散，最終甚至連星系本身都會破裂，然後星星都蒸發成一團原子霧。結局是，負壓力可能會剝去原子外層，只留下一片陰森的次原子粒子汪洋。

然而必需強調的是，即使沒有採用補充的數項（宇宙常數），我們的結果還是可以得到宇宙的正曲率。這個數項的必要性，只在於為了讓物質的準靜態分布成為可能。

愛因斯坦，*1918* 年

然而，儘管天文學的拼圖現正一片片拼湊起來，而且我們也已測量到許多描述宇宙幾何學的數字，但還是有一些重大的問題懸而未決。我們就是不知道宇宙中還有百分之 95 的東西到底是什麼，也不知道第五元素這種新的力實際上究竟為何。因此，現在還不是停手、坐上冠軍寶座歇息的時候。宇宙仍戴著神秘面紗，等待著我們去揭開。

49 費米悖論
Fermi paradox

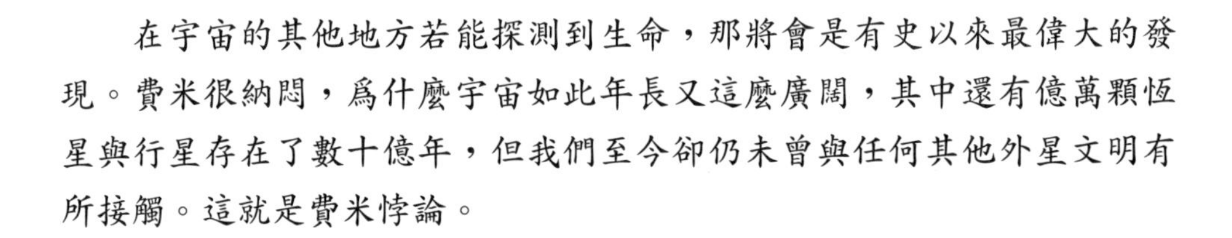
在宇宙的其他地方若能探測到生命，那將會是有史以來最偉大的發現。費米很納悶，爲什麼宇宙如此年長又這麼廣闊，其中還有億萬顆恆星與行星存在了數十億年，但我們至今卻仍未曾與任何其他外星文明有所接觸。這就是費米悖論。

1950 年的某天中午，物理學教授恩里科 · 費米（Enrico Fermi）在跟同事吃飯時，推測性地問道：「他們在哪裡？」我們自己的銀河系裡就有數十億顆恆星，而在整個宇宙有著數十億個星系，因此恆星的數量應該上兆。就算其中只有一部份有固定行星，那還是有許許多多的行星存在。如果這些行星中有一部份育有生命，那麼宇宙中應該存在著數百萬個文明。既然如此，為什麼我們還未曾見到他們？為什麼他們還不曾與我們聯繫呢？

德瑞克方程式 1961 年，德瑞克（Frank Drake）寫下一個方程式，估計銀河系裡的其他行星住有可接觸外星文明的可能性，這就是德瑞克方程式（Drake equation）。我們從方程式得知，我們很有可能跟其他文明共存，但機率仍然十分不確定。沙根（Carl Sagan）曾指出，銀河系中可能居住有一百萬個外星文明，但他之後自己修正這個說法，而從那時起，其他人估計的文明只有一個，就是我們人類。費米提出這個問題後經過了半個多世紀，我們還是沒有得到任何答案。儘管我們有通訊系統，但從來沒有人聯絡。我們對於鄰近地區的探索越多，就越覺得自己似乎相當孤單。我們尋找了月

歷史大事年表

西元 1950 年	西元 1961 年
費米質疑何以缺乏外星接觸。	德瑞克提出他的方程式。

球、火星、小行星，以及外太陽系的行星和它們的衛星，但都沒有任何具體徵象指出有任何生命存在，就連最簡單的細菌都沒有。

來自恆星的光，也沒有出現能顯示有收取能量的巨型繞行機器的干涉徵象。重點是，沒有發現不是因為沒人在調查注意。而是我們冒著很大的風險，花了相當大的心力在搜尋外星智慧。

> 我們是誰？我們發現自己住在一個平凡恆星所屬的微小行星，這顆迷失在星系裡的恆星，隱藏在宇宙某個被遺忘的角落，而在這個宇宙裡，星系的數量遠比地球上的人類還多。
>
> 馮布朗（*Werner von Braun*），*1960* 年

搜尋生命　因此，你該如何繼續四處尋找生命跡象呢？第一個方法是開始尋找我們太陽系裡的微生物。科學家詳細檢查了來自月球的岩石，但這些石頭都是沒有生命存在的玄武岩。來自火星的隕石曾被指出留有細菌的殘餘物，不過目前仍無法證明這些岩石裡的橢圓形泡泡藏有外星生命，以及掉落到地球之後沒被污染或是由自然地質過程產生。即使沒有岩石樣本，太空船上的攝影機和登陸艇也已取得火星表面、隕石，現在甚至還有外太陽系的衛星 — 繞行土星的泰坦星（土衛六）— 的訊息。

然而，火星的表面是佈滿火山沙和火山岩的乾燥沙漠，並不像智利的阿塔卡馬沙漠（Atacama desert）。泰坦星的表面潮濕，浸滿液態甲烷，不過截至目前為止還沒有生命。木星的其中一顆衛星 ── 歐羅巴（Europa，又名木衛二），已被列為將來在太陽系搜尋生命的最受歡迎目標，因為歐羅巴在它冰凍的表面之下，可能有著大量的液態水。太空科學家正在計畫一項任務，想要鑽透冰殼，一窺底下的景況。一直以來，都曾發現外太陽系的其他衛星有著相當活躍的地質，它們在被自己繞行巨大氣態行星的軌道所產生的引力扭曲擠壓和拉扯時，會釋放出熱。因此在外太陽系中，液態水或許不是那麼稀有的珍貴之物，由此升起了終有一天能發現生命的希望。前往這些區域的太空船都經過徹底消毒，確保我們地球上的微生物不會污染它們。

西元 1996 年

南極隕石暗示火星上有原始生命。

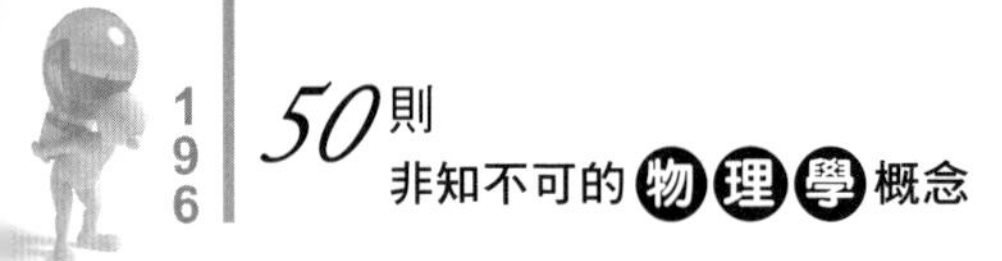

德瑞克方程式

$N = N_* \times f_p \times n_e \times f_l \times f_i \times f_c \times L$

其中：

N：銀河系中，能發射可偵測電磁波的文明數目。

N_*：銀河系中的恆星數量。

f_p：有行星系統的恆星比例。

n_e：每恆星系統中，有適合生命存在環境的行星數量。

f_l：適合生存的行星中，真正有生命顯現的比例。

f_i：具有生命的行星中，出現智慧生命的比例。

f_c：發展出技術，能將顯示自己存在的可偵測訊號發射到太空的文明比例。

L：能將可偵測訊號發射到太空的文明壽命（地球這個壽命目前還很小）。（譯註：原文是 $N = N_* \times f_p \times n_e \times f_l \times f_i \times f_c \times f_L$，其中「$f_L$」指行星壽命的比例。經查證，發現最後一個參數為 f_L 和 L（壽命長短）的兩種方程式皆有，但 L 較常見且較易理解，故更改為 L。）

既然微生物不會跟我們聯絡，那麼更高等的動物或植物呢？目前，遙遠恆星周圍的個別行星都一直受到偵測，天文學家計畫仔細分析來自那些行星的光，希望搜索到能支撐或象徵生命的化學物質。科學家想取得的是像臭氧或葉綠素這樣的特別線索，但這些都需要精密的觀察，而這樣的觀察有可能出現在下一代太空任務，例如 NASA 的「類地行星探測器」（Terrestrial Planet Finder）。這些任務或許能讓我們有一天找到地球的姊妹星，但如果真的找到，那顆星球上是否居住著人類、魚或恐龍，或者是只有空蕩蕩的無生命陸地與海洋呢？

接觸未來　另一個行星（即便跟地球類似）上的生命，或許已演化成跟地球上的生命完全不同。因此，無法確定那裡的外星人可以跟地球上的我們溝通。自從無線電波和電視開始播放的那一天起，這些訊號就從地球一直不斷發散，以光速向外旅行。所以半人馬座 α 恆星（距離四光年）上的任何一個電視迷，都會看到地球四年前的電視頻道，或許它們很喜歡電影「接觸未來」（Contact）的重播。黑白電影已經可以抵達大角星（Arcturus），所以卓別林（Charlie Chaplin）可能在畢宿五（Aldebaran）是大明星。如此說來，地球一直在放出大量的訊號，就看你是否有天線來接收這些。其他先進文明難道不會做同樣的事嗎？無線電天文學家不斷在附近的恆星搜尋，看看能不能找到非自然訊號的徵象。

我們的太陽，是銀河系的千億顆恆星之一。而我們的銀河系，也只是宇宙中的數十億個星系之一。假使認為我們在如此浩瀚廣闊之中是唯一的生命，那就真的太過於自以為是。 沙根，*1980* 年

無線電頻譜非常廣大，因此天文學家專注在自然能量轉移（像是氫的能量轉移）附近的頻率，這在宇宙各處應該都會一樣。他們在尋找規律或有結構的傳輸，而且不是出自任何已知的天文物體。1967 年，英國劍橋的研究生伯內爾（Jocelyn Bell）在發現來自恆星的規律無線電波脈衝時，著實嚇了一跳。有些人認為，這確實是外星的摩斯密碼，但事實上它是一種新型的自轉中子星，現在稱為脈衝星。因為掃描數千顆恆星的過程需要耗費相當長的時間，因此美國開始一項名為「外太空智慧搜尋計畫」（SETI，Search for Extraterrestrial Intelligence）的特別計畫。雖然分析了數年來收集的資料，但目前仍尚未獲得任何奇異訊號。其他也有些無線電望遠鏡會偶爾搜尋，但目前也都沒有任何不尋常的發現。

白日夢　既然我們可以想到許多方法來偵測生命徵象和與之溝通，那為什麼卻沒有任何文明回應我們或傳送他們自己的訊號呢？為什麼費米悖論還是正確的呢？關於這些問題的想法有許多。或許，生命只有相當短暫的時間存在於有可能溝通的先進狀態。為什麼會這樣？或許智慧生命總是很快地把自己抹去。或許這是自我毀滅而沒有存活太久，因此有能力溝通且附近有可溝通對象的機會確實很小。亦或者，還有更多偏執的故事情節。或許外星人單純就是不想跟我們接觸，而我們是被故意地孤立在外。也有可能，或許他們實在太忙，所以還沒有空做這些事。

【重點概念】　有人在那兒嗎？

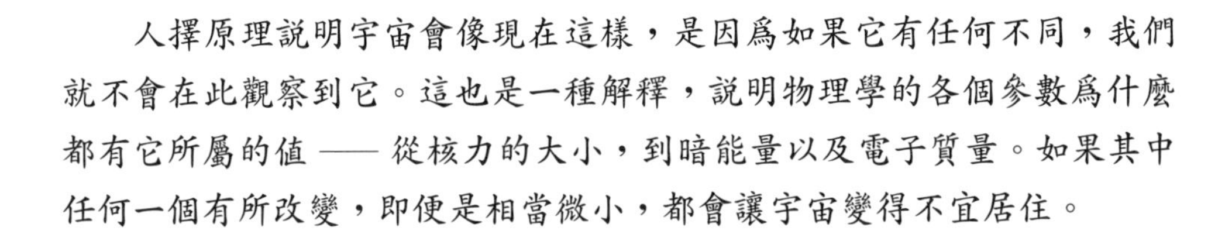

50 人擇原理

Anthropic principle

人擇原理說明宇宙會像現在這樣，是因為如果它有任何不同，我們就不會在此觀察到它。這也是一種解釋，說明物理學的各個參數為什麼都有它所屬的值 —— 從核力的大小，到暗能量以及電子質量。如果其中任何一個有所改變，即便是相當微小，都會讓宇宙變得不宜居住。

如果強核力有一點點不同，那質子和電子就不會黏在一起而組成原子核，這樣一來，原子也無法形成。化學不會存在。碳也不會存在。因此，生物和人類通通都不存在。如果我們人類不存在，那麼誰會「觀察」宇宙，避免宇宙只以量子湯的可能性存在呢？

同樣的，即使有原子存在而宇宙也已演化製造出我們現今知道的一切結構，但倘若暗能量稍稍強一點，星系與恆星就已經被拉扯開來。因此，物理常數值的些微改變，例如力的大小或粒子的質量有一點點不同，都可能具有災難般的意涵。換句話說，宇宙的的模樣看起來像是經過微調。所有的力，對於演化出現今的人類而言，都是「剛剛好」。我們居住的這個一百四十億歲的宇宙，其中的暗能量和引力彼此平衡，而次原子粒子也都以它們目前的形式存在，這是否只是偶發事件呢？。

剛好如此　人擇原理不是認為人類尤其特別且整個宇宙只為我們存在，而或許是有點傲慢的假設，這個原理解釋了宇宙毫無意外的就是這樣。如果任何一種力有些許的不同，那麼我們就完全不會出現在此目睹一切。正如

歷史大事年表

西元 1904 年

華萊士（Alfred Wallace）討論人類在宇宙的地位。

西元 1957 年

迪克寫到宇宙受制於生物因素。

就我們眼界所及的許多行星當中，只有一個具備孕育生命的適當條件一般，宇宙可能以許多種方式形成，但唯有這種方式，我們才得以出現。同樣的，如果我們的父母從不曾相遇，如果內燃機沒有在該出現的時間被發明出來而使我父親無法前往北方旅行、遇到我的母親，那麼我就不會出現在這裡。這並不表示，整個宇宙是為了我能存在，所以剛好這樣成演化。而是我存在的這個事實，終究需要在先前發明了機器，由此縮小能在

物理量和宇宙量的各個觀察值在機率上並不相同，但它們具有的數值，受限於碳基生命可演化之處的需求，以及宇宙老到足以讓這些都已經發生的需求。

巴羅 & 提普勒，*1986* 年

人擇泡泡

如果有許多平行（或泡泡狀）的宇宙跟我們居住的宇宙同在，我們就可以免去人擇兩難。各個泡泡宇宙可以具有稍稍不同的物理參數。這些參數支配著各個宇宙如何演化，以及是否有特定一個能提供生命得以形成的立基之處。就我們目前所知，生命十分挑剔講究，因此只會選擇少數幾個宇宙出現。不過，既然有這麼多個泡泡宇宙，那就會有挑到的可能性，因此我們的存在也就不那麼難以置信。

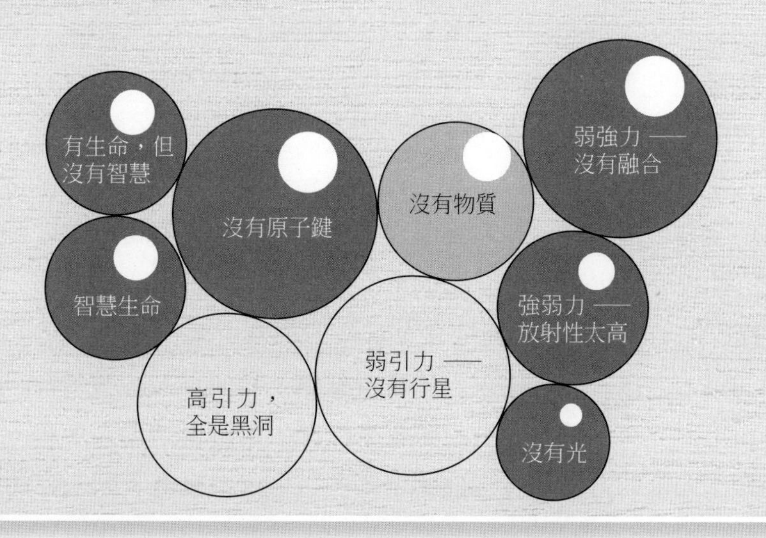

西元 1973 年

卡特討論人擇原理。

其中找到我的宇宙範圍。

雖然人擇理論是哲學界的熟悉論點，但迪克和卡特（Brandon Carter）還是把它用於物理學和宇宙學的論據。其中的弱人擇原理說到，如果參數不同我們就不會在這裡，因此我們存在的這個事實，限制了這個宇宙在適於居住上的物理性質。另一個更強的版本則是強調人類本身存在的重要性，也就是說，生命是為了宇宙成為現在這樣的必然結果。舉例而言，需要有觀察者藉由觀察來使量子宇宙具體化。巴羅（John Barrow）和提普勒（Frank Tipler）又提出了另一種版本，認為宇宙的基本目的是訊息處理，因此宇宙的存在必需製造能處理訊息的生命。

許多世界　為了生出人類，你需要一個夠老的宇宙，這樣才有足夠的時間讓恆星在早期製造出碳，而強核力與弱核力則必需「剛剛好」讓核物理學和化學成立。引力和暗能量也必需平衡，這樣恆星才不會把宇宙扯裂。此外，恆星需要活得夠久到讓行星成形，而且還要夠大，這樣我們才能生活在一個溫度適宜的美好星球，上面有水、氮氣、氧氣，和一切培育生命所需的其他分子。

> 若要從頭開始做一個蘋果派，你必須先創造宇宙。　　沙根，*1980*年

因為物理學可以想像出這些性質都不相同的宇宙，所以有些人曾指出，創造跟我們相像的宇宙並不困難。它們可能以平行宇宙、或多重宇宙（multi-verses）的方式存在，而我們只是其中的一種體現。

平行宇宙的想法與人擇原理一致，都允許其他我們無法居住的宇宙也存在。這些宇宙可能存在於多重維度之中，沿著跟量子理論一樣需要觀察者觸發結果的路線分裂出來（參見第113頁）。

另一方面　人擇原理也受到批評。有些人認為這根本就是廢話：宇宙像這樣是因為它像這樣，完全沒說出什麼新鮮事。其他有人不滿意我們只有這個特殊宇宙可以測試，他們偏好用數學來探究宇宙的自動調整方式，以減少完全由物理學而來的方程式。這種想法跟多重宇宙很接近，因為它們都允許無

限多的其他可能存在。然而還有其他理論者，包括弦理論者和 M 理論擁護者，一直試著在大爆炸之外微調參數。他們將大爆炸前的量子海看做是某種能量景象，並且提問如果你讓宇宙滾動和開展，它最有可能終止在哪裡。例如，假使你讓一顆球沿著有山脊的丘陵往下滾，最後停在某處的可能性會高於另一個地方，像是停在谷底。因此，在試圖讓能量最小化的過程中，宇宙會適當地找出特定的參數組合，才不在乎數百億年後是否會製造出我們人類。

人擇原理的擁護者，以及對於我們現今知道的宇宙追尋更具數學意義的其他人，兩方人馬在關於我們如何來到今日這個狀態持不同的意見，甚至對於這是不是個值得詢問的有趣問題都有不同看法。一旦我們超脫於大爆炸和可觀察的宇宙之外，進入到平行宇宙和能量場預先存在的領域，我們就真的來到了哲學的範疇。然而，無論是什麼觸發宇宙，使它以現在的模樣呈現，幸運的是，從數百億年前就注定要往這條路上前進。我們可以理解，編造出生命所需的化學很耗費時間，但為什麼我們竟然會剛好活在宇宙歷史的某個特定時刻 —— 當暗能量相當仁慈地與引力平衡之時，這就不僅只是幸運而已了。

【重點概念】 剛好如此的宇宙

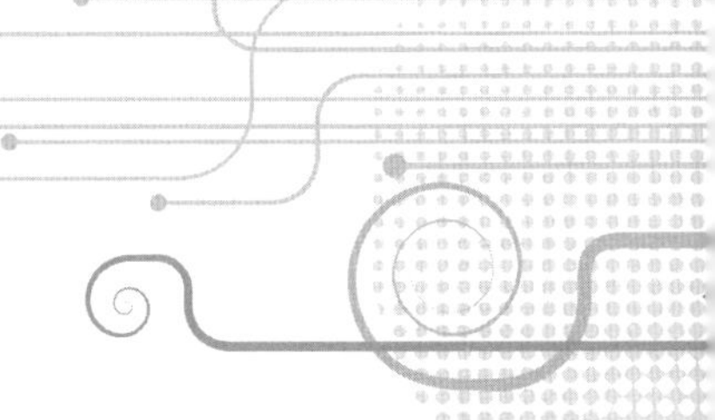

辭彙解釋

Acceleration（加速度）：某樣東西在特定時間內的速度變化。

Age of the universe（宇宙年齡）：參見宇宙

Atom（原子）：物質可獨立存在的最小單位。原子內含中心硬核，由質子（帶正電）和中子（不帶電）組成，外圍環繞帶負電的電子雲。

Black-body radiation（黑體輻射）：黑色物體在特定溫度發射的光，具有獨特的光譜。

Boson（玻色子）：有對稱波函數的粒子；兩個玻色子可佔據相同的量子態（另外參見費米子）。

Cosmic microwave background radaition（宇宙微波背景輻射）：滿佈天空的微弱微波發光，是大爆炸的餘暉，已經冷卻並紅移到溫度為凱氏 *3* 度。

Diffraction（繞射）：當波經過銳利邊緣時的擴散現象，像是水波穿過牆壁上的缺口進入港口。

Elasticity（彈性）：彈性物質遵循虎克定律，伸展的總量跟施加的力成正比。

Electricity（電）：電荷的流動，具有電壓（能量），會造成電流（流動）並且可能因為電阻而減慢或被阻斷。

Energy（能量）：某樣東西支配其潛能改變的屬性。整體保持守恆，但可以在不同的型態間交換。

Entanglement（纏結）：量子理論中的概念，在一個時間點上相關的粒子會攜帶之後的訊息，可以被用作即時通信。

Entropy（熵）：混亂程度的測量。東西的混亂程度越低，熵就越低。

Fermion（費米子）：遵循包立不相容原理的粒子，沒有兩個費米子可以具有相同的量子態（另外參見玻色子）。

Fields（場）：遠距力的傳送方法。電和磁都是場，引力也是場。

Force（力）：造成某樣東西的運動發生改變的升、拉、推。牛頓第二運動定律將力定義為，與其產生的加速度成正比。

Frequency（頻率）：波峰經過某點的速率。

Galaxy（星系）：數百萬顆恆星由引力結在一起的恆星團或恆星雲。我們的銀河系是一個螺旋星系。

Gas（氣體）：一大群彼此沒有鍵結的（自由的）原子或分子。氣體沒有邊緣，但可以被侷限在容器裡。

Gravity（引力（又譯萬有引力、重力；特指地球的引力時，可稱地心引力））：物質藉此吸引另一個物質的基本力。愛因斯坦的廣義相對論描述了引力。

Inertia（慣性）：參見質量

Interference（干涉）：不同相位的波的結合，會產生增強（如果同相）或抵銷（如果不同相）的效應。

Isotope（同位素）：一種化學元素以不同的形式存在，原子核裡的質子數相同但中子數不同，因此有不同的原子質量。

Many-worlds hypothesis（多世界假說）：量子理論和宇宙學中的概念，指稱有許多平行的宇宙在事件發生時會分岔開來，我們任何時刻都是在一個分支上。

Mass（質量）：等價於某樣東西內含的原子數或能量的屬性。慣性是類似的概念，描述物質在運動上的阻力，較重的物體（質量較大）較難運動。

Momentum（動量）：質量和速度的乘積，表示要停止某個正在運動的物體有多困難。

Nucleus（原子核）：原子的中心硬核，由強核力將質子和中子結合在一起而組成。

Observer（觀察者）：在量子理論中，觀察者是進行實驗和測量結果的人。

Phase（相位）：一個波和另一個波之間的相對位移，以波長分數測量。整個波長的位移是 *360* 度；如果相對位移為 *180*，那這兩個波就是剛好反向（參見干涉）。

Photon（光子）：表現為粒子的光。

Pressure（壓力）：定義為每單位面積作用的力。氣體的壓力，是其原子或分子施加於所在容器內部表面的力。

Quanta（量子）：量子理論中使用的能量最小次單位。

Quark（夸克）：一種基本粒子，結合三個夸克可組成質子和中子。由夸克組成的物質形式稱之為強子。

Qubits（量子位）：量子單位。相似於電腦的「位元」，但包括量子訊息。

Randomness（隨機性）：只靠機運決定的隨機結果，沒有特殊的結果偏好。

Redshift（紅移）：由於都卜勒效應或宇宙爆炸，遠離物體的光波波長發生的偏移。在天文學中，這是一種測量遠距恆星與星系的方式。

Reflection（反射）：當波碰到一個表面時出現的反轉，例如光束由鏡子彈回。

Refraction（折射）：波的折彎現象，通常是因為波在通過介質速度變慢，例如光穿過三稜鏡。

Space-time metric（時空規度）：廣義相對論中，幾何空間與時間結合成一個數學函數，常被想像成一張橡膠片。

Spectrum（光譜）：連續的電磁波，從無線電波、經過可視光，再到 *X* 光和伽瑪射線。

Strain（應變）：某樣東西受拉力時，單位長度的伸展量。

Stress（應力）：固體因為施加其上的力，內部感受到的單位面積的力，

Supernova（超新星）：超過特定質量的恆星，當抵達生命的終點時所發生的爆炸。

Turbulence（擾流）：當液體流動得太快時，會變得不穩定而且紊亂，分散成漩渦和渦流。

Universe（宇宙）：一切的時間與空間。宇宙根據此定義是包含所有一切，但有些物理學家會討論跟我們不同的平行宇宙。我們的宇宙大約一百四十億歲，根據膨脹速率與恆星年紀而判定。

Vacuum（真空）：完全沒有原子的空間就是真空。自然界沒有真空存在，即使是外太空，每立方公分都存有一些原子，但物理學家在實驗室可做到接近真空。

Velocity（速度）：速度是指在特定方向的速率為何。意指某樣東西在一定時間內，往那個方向運動的距離。

Wave function（波函數）：量子理論中的數學函數，用以描述某個粒子或物體的所有特性，包括它具有特定屬性或在某個位置的機率。

Wavefront（波前）：波峰的連線。

Wavelength（波長）：從一個波峰到相鄰下一個波峰的距離。

Wave-particle duality（波粒二象性）：（特別是光）有時候像波，在其他時候又像是粒子的行為。

最佳延伸閱讀：閱讀科普系列！

當快樂腳不再快樂—認識全球暖化

作　者　汪中和
ＩＳＢＮ　978-957-11-6701-5
書　號　5BF6
出版日期
頁　數
定　價　240

本書特色

是災難？還是全人類所要面對的共同危機或轉機？

台灣未來因氣候暖化，海平面不斷升高，蘭陽平原反而在下沉，一升一降加成的效應，使得蘭陽平原將成為台灣未來被淹沒最嚴重的區域，我們應該要正視這個嚴重的問題，及早最好完善的規劃。全書以深入淺出方式，期能喚醒大眾正視全球暖化議題，針對現階段台灣各地區可能會因全球暖化所造成的衝擊，提出因應辦法。

伴熊逐夢－台灣黑熊與我的故事

作　者　楊吉宗
ＩＳＢＮ　978-957-11-6773-2
書　號　5A81
出版日期
頁　數
定　價　300

本書特色

本書為親子共讀繪本，內文具豐富手繪插圖、全彩，並標示注音，除可由家長陪伴建立孩子對愛護動物及保育觀念，中、低年級孩童亦能自行閱讀。

作者以淺白易懂的文字，讓讀者皆能細細體會保育動物－台灣黑熊媽媽被人類馴化、黑熊寶寶的孕育，直至最後野化訓練。是為最貼近台灣黑熊的深情故事繪本。

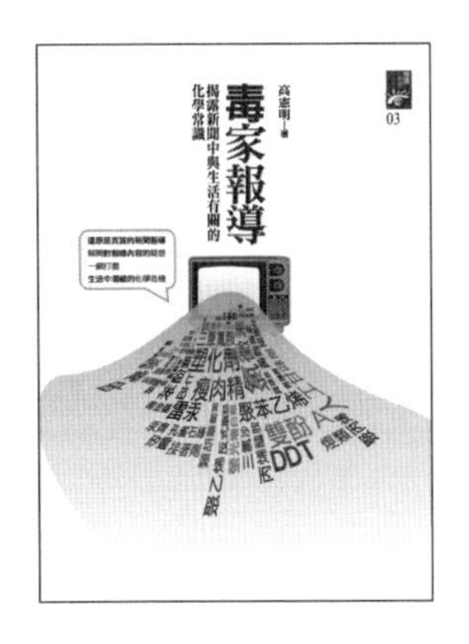

毒家報導－揭露新聞中與生活有關的化學常識

作　　者　高憲明
ＩＳＢＮ　978-957-11-6733-6
書　　號　5BF7
出版日期
頁　　數
定　　價　380

本書特色

本書總共分成十個課題，藉由有機食品與有機化學之間的連結性，展開一趟結合近年來新聞報導相關的生活化學之旅，透過以輕鬆詼諧的口吻闡述生活及食品中重要的化學物質，尤其是對食品添加物潛藏的安全危機多所著墨，適用的讀者對象包含一般社會大眾及在學學生。

可畏的對稱－現代物理美的探索

作　　者　徐一鴻
ＩＳＢＮ　978-957-11-6596-7
書　　號　5BA7
出版日期
頁　　數
定　　價　280

本書特色

本書介紹愛因斯坦和他的追隨者們，通過一個世紀的努力建構了近代物理學基礎理論的框架。他們將對稱性作為指導原則，並深信這是揭示自然基礎設計秘密的鑰匙。

內容第一部份從藝術、建築、科學到物理學的弱作用宇稱不守恆等領域，探討對稱性與建築設計，進而到自然界基礎規律的設計關係；第二部份介紹愛因斯坦在創立相對論的過程中所得出的「對稱性指揮設計」的觀點；第三部份介紹對稱性在認識和詮釋量子世界中所取得的成果；第四部份介紹楊－米爾斯規範理論並將對稱性思想再次引入基礎物理學的舞台，同時在此基礎上進一步探求宇宙的「最終設計」及所遇到的問題。

國家圖書館出版品預行編目資料

50則非知不可的物理學概念／Joanne Baker著；李明芝譯. -- 二版. -- 臺北市：五南圖書出版股份有限公司, 2022.03
面；　公分
譯自：50 physics ideas you really need to know
ISBN 978-626-317-638-6（平裝）

1.CST：物理學　2.CST：通俗作品

330　　111001956

RE58

50則非知不可的物理學概念

作　　者 — Joanne Baker
譯　　者 — 李明芝
發 行 人 — 楊榮川
總 經 理 — 楊士清
總 編 輯 — 楊秀麗
副總編輯 — 王正華
責任編輯 — 金明芬、張維文
封面設計 — 簡愷立、王麗娟
出 版 者 — 五南圖書出版股份有限公司
地　　址：106台北市大安區和平東路二段339號4樓
電　　話：(02)2705-5066　　傳　　真：(02)2706-6100
網　　址：https://www.wunan.com.tw
電子郵件：wunan@wunan.com.tw
劃撥帳號：01068953
戶　　名：五南圖書出版股份有限公司

法律顧問　林勝安律師事務所　林勝安律師

出版日期　2013年3月初版一刷
　　　　　2014年12月初版二刷
　　　　　2022年3月二版一刷

定　　價　新臺幣280元